肉牛养殖常见病防治

李　靖　朱怡平　主编

中国农业大学出版社
·北京·

内 容 简 介

本书是为适应我国快速发展的肉牛业面临的肉牛养殖常见病的防治需要而编写的。全书共 9 章，主要介绍肉牛场疾病防控基础知识和技能、肉牛病原性疾病及其防治、繁殖母牛常见病及其防治、犊牛疾病及其防治、放牧肉牛常见病及其防治、肉牛肥育场常见病及其防治、生产医学和牛群健康管理、兽医生物安全指南等内容。本书由几位具有丰富实践经验的专家编写，具有通俗易懂、便于理解掌握、实践性强、简单实用等特点，可作为从事肉牛养殖和临床兽医等方面的人员在生产一线开展肉牛疾病防治工作的指导书。

图书在版编目(CIP)数据

肉牛养殖常见病防治/李靖，朱怡平主编. --北京：中国农业大学出版社，2022. 12
ISBN 978-7-5655-2942-9

Ⅰ. ①肉…　Ⅱ. ①李…②朱…　Ⅲ. ①肉牛–饲养管理②肉牛–牛病–防治　Ⅳ. ①S823. 9 ②S858. 23

中国国家版本馆 CIP 数据核字(2023)第 009754 号

书　　名　肉牛养殖常见病防治
Rouniu Yangzhi Changjianbing Fangzhi
作　　者　李　靖　朱怡平　主编

策划编辑　张　程　　**责任编辑**　张　程
封面设计　郑　川
出版发行　中国农业大学出版社
社　　址　北京市海淀区圆明园西路 2 号　　**邮政编码**　100193
电　　话　发行部 010-62733489，1190　　读者服务部 010-62732336
编辑部 010-62732617，2618　　出　版　部 010-62733440
网　　址　http：//www. caupress. cn　　**E-mail** cbsszs@cau. edu. cn
经　　销　新华书店
印　　刷　涿州市星河印刷有限公司
版　　次　2022 年 12 月第 1 版　2022 年 12 月第 1 次印刷
规　　格　185 mm×260 mm　16 开本　8. 75 印张　215 千字
定　　价　58. 00 元

编写人员

主　编　李　靖　朱怡平

副主编　聂明非　张俊杰　孟庆翔

编　者　（按姓氏拼音排序）

蔡恩嘉　陈淑蕾　贾旭晨　李　靖

李梦玥　李晓东　孟庆翔　聂明非

宋荣渊　王雪帆　吴　浩　徐芝华

易梓文　张寒琪　张俊杰　赵雨霏

周振明　朱怡平

前言

随着我国肉牛产业的快速发展，牛肉已经成为广大消费者餐桌上不可或缺的蛋白质食品，在满足人们日益增长的优质蛋白质营养需求和提高身体健康水平方面发挥着越来越重要的作用。据农业农村部统计的数据可知，2020 年我国肉牛存栏为 7 685.1 万头，牛肉产量为 672.4 万 t，肉牛存栏数和牛肉产量已经位列世界第三位，而牛肉消费总量已跃升至世界第二位，表明我国已经成为世界肉牛生产和消费大国，但还不是肉牛业强国。由于我国人口基数大，人均牛肉消费量与世界平均水平(8.6 kg)和发达国家(14.7 kg)的人均消费水平相比还有很大差距，我国肉牛产业的总体技术水平和各个环节的生产效率还很低。在千家万户饲养肉牛的养殖端，影响肉牛产业效率提高的主要技术因素很多，其中最重要的是疾病防控难度大。随着肉牛业向规模化和集约化方向的发展，由于饲养密度的加大、营养的限制、引种的频繁、防疫体系的缺失等，许多规模化养殖场疾病层出不穷，不仅影响肉牛产业的健康发展，还影响农民肉牛养殖效益的进一步提高，养殖企业本身因疾病防控不利而出现巨额亏损，甚至倒闭的案例在全国也曾出现。

健康养殖是整个畜牧业的发展方向，体现了现代畜牧业的经济、生态和社会效益的高度统一。肉牛的健康养殖至少有保障动物健康、人类健康和环境健康三个方面的含义。其中，保障动物健康，即在养殖过程中要保障肉牛的正常生长、发育和繁殖，以保障动物福利为中心。根据肉牛流行病学调查结果，危害我国肉牛牛群健康的主要疾病有传染病、寄生虫病、消化系统疾病、繁殖疾病以及外伤等，严重制约着肉牛业的健康发展。肉牛养殖户或企业习惯上把大量精力和资金花在一些突发传染性疾病的治疗上，对于经常发生的常见病却常常不屑一顾，尤其忽视疾病的日常防控。事实上，积极地制订和实施牛群健康计划，从疾病预防入手，除了预防接种外，积极重视防疫体系建设、营养保障、寄生虫控制、生物安全、环境卫生，对于维持牛群健康水平和企业的可持续性盈利至关重要。

基于以上考虑，本书从肉牛生产实际出发，围绕育犊母牛、架子牛和肥育牛各个产业链环节的疾病进行系统介绍，包括肉牛场疾病防控基础知识和技能、肉牛病原性疾病及其防治、繁殖母牛常见疾病及其防治、犊牛疾病及其防治、放牧肉牛常见病及其防治、肉牛育肥场常见病及其防治、生产医学和牛群健康管理、兽医生物安全指南。本书由具有丰富的肉牛疾病防控和营养饲养方面经验的作者团队撰写，内容通俗易懂、操作性强、简单实用，力求为从事肉牛养殖和临床兽医等方面的人员提供一本实用的肉牛疾病防治参考书。限于知识和实践能力方面的不足，书中存在不足在所难免，敬希广大读者和同行提出批评指正，以鞭策我们不断改进工作，加速推动我国从肉牛业大国迈向肉牛业强国。

编　者

2022 年 8 月

目 录

1 绪 论

内容提要:

随着我国经济的快速发展、人民生活水平的提高和膳食结构的改善,人们对牛肉的数量和品质的要求也越来越高。肉牛产业在保障牛肉的市场供应、丰富百姓菜篮子和提高人民营养健康水平方面,发挥着越来越重要的作用。肉牛产业不仅成为不少地区农牧民脱贫攻坚的重要产业,而且是开展乡村振兴战略中产业振兴的重要抓手。本章重点阐述了发展肉牛生产对国民经济和人民健康的重要性,疾病影响肉牛产业健康发展以及实施综合防控对于保障肉牛业健康和可持续发展的重要性。

当今我国肉牛生产已经由过去单一的农户小规模饲养逐渐转向适度规模经营的集约化生产模式。随着饲养规模的扩大和生产方式的转变,随之而来的问题就是肉牛疾病的增多。在规模化养殖条件下,养殖密度的加大、营养供给方式的改变以及频繁的外购新牛只及疫病防控服务体系的不完善等使许多规模化养殖场的疾病问题频发,严重影响了肉牛产业的发展。近年来,肉牛产业新流行的疾病也给很多地区的肉牛养殖业造成了不小的经济损失,如结节性皮肤病和阿卡斑病等。

1.1 发展肉牛生产对国民经济和人民健康的重要性

在国家大力支持草食畜牧业政策的引领下,我国牛肉产量稳步上升,消费水平不断提高,牛肉进口快速增长,牛肉价格维持高位,在改善农村经济和提高国民身体素质方面发挥了重要作用。

1.1.1 肉牛数量、价格和牛肉消费

根据农业农村部统计数据(中国畜牧兽医统计,2020),2020 年我国肉牛存栏 7 685.1 万头,各类牛(含肉牛、奶牛和水牛)出栏数量为 4 565.6 万头,牛肉生产量为 672.4 万 t。海关总署数据显示,2020 年我国牛肉进口量为 211.83 万 t,进口额为 102 亿美元。由于我国牛肉出口量仅有 97 t,因此根据国内牛肉生产量和牛肉进口量,可计算出 2020 年我国人均牛肉消费量为 6.3 kg。

与肉牛业发达国家的肉牛产业相比,我国肉牛存栏数、牛肉产量已经位列世界第三位,而

牛肉消费总量也已跃升至世界第二位，数据表明，我国已经成为世界肉牛生产和消费大国，但还不是肉牛业强国。由于我国人口基数大，人均牛肉消费量与世界平均水平(8.6 kg)及发达国家(14.7 kg)的人均消费水平相比还有很大的差距。

1.1.2 发展肉牛产业的重要性

(1)有利于缓解人畜争粮的矛盾　我国人口众多，耕地面积逐年减少，粮食生产不足，饲料粮短缺的基本国情决定了我国畜牧业发展必须走节粮型的道路。在畜牧业生产上，要充分发挥肉牛等草食家畜的生产潜力。肉牛等反刍动物具有发达的瘤胃和网胃，其中生长的包括细菌、原虫和真菌等在内的强大的厌氧微生物区系，具有高效分解和发酵粗饲料纤维的作用，可以将农作物秸秆、牧草及其农副产品转化成人类所需的肉、奶、毛、皮等畜产品。肉牛瘤胃中的微生物区系还可以将无机态非蛋白氮转化为优质的微生物蛋白，对于蛋白质饲料的减量替代、节约豆粕等蛋白质饲料资源也可以发挥特殊的作用。

(2)有利于畜牧业产业结构的调整　自改革开放以来，我国畜牧业得到了快速发展，人均肉蛋奶占有量从1980年的16.3 kg提高到2020年的104.5 kg，超过了世界平均水平，为提高我国居民膳食营养水平做出了重要贡献。但是我国人口众多，粮食短缺是我国的基本国情，在这种国情下畜牧业发展应选择节约粮食资源和保护环境的节粮型发展模式。然而，根据《中国畜牧兽医统计》的数据可知，在我国目前的畜禽肉类消费结构中，猪肉、禽肉和牛羊肉的占比分别为53.0%、30.4%和15.1%，与肉食消费结构中牛羊肉占比25%以上的发达国家相比，我国应进一步调整畜牧业产业结构，增加包括肉牛在内的草食畜牧产业在畜牧产业中的比重，这仍是未来畜牧业发展的一项重要任务。在当前国际形势复杂严峻，粮食等农产品价格上涨、农产品市场波动加剧等不稳定因素增多的情况下，推动肉牛等节粮型畜牧产业的高质量发展对于保障14亿多人的“米袋子”和“菜篮子”，夯实经济社会持续健康发展的基础，更具有现实意义。

(3)有利于畜牧业绿色循环发展　随着人们生活水平的提高和对生活质量的要求，消费者对肉、蛋、奶等畜产品的数量和质量都有了更高的要求。传统畜牧业存在经营粗放、产品质量低、卫生安全性差，产品附加值低，市场竞争力弱等问题，因此以绿色循环和可持续发展为特征的绿色畜牧业正在成为畜牧业发展的必然要求。作为畜牧业绿色循环发展的代表，肉牛产业近些年在全国各地蓬勃发展。肉牛产业链条长，繁殖母牛和架子牛养殖环节主要由农区、牧区、农牧交错带地区和南方草山草坡地区的广大农牧民经营，通过种养结合、牧草综合利用、草原利用以及秸秆及农副产品加工利用等方式，因地制宜地进行高效绿色养殖，成为很多贫困地区乡村振兴中产业振兴的主导产业。而肥育牛养殖环节由于可以规模化经营，在很多粮食主产区和牛肉消费区域已经兴建了不少大型肥育场，通过采用集约化管理、饲料加工、疫病防控和环境控制等先进组合技术，生产符合市场需求的绿色、安全的牛肉产品。

(4)有助于巩固脱贫攻坚成果、全面推进乡村振兴和促进经济社会稳定发展　产业兴旺是乡村振兴的物质基础。在很多刚刚摘掉贫困帽子的贫困地区，特别是一些“老、少、边远”地区，交通不便，环境恶劣，土壤贫瘠，农牧业大多是以满足家庭需要为主的自给自足的产业，粮食产量低，生产效率低，经济收入少，甚至存在返贫的风险。这些地区的荒山荒坡面积大，沼泽、滩涂等天然草场资源丰富，劳动力充足，污染少，十分利于发展肉牛产业。在国家乡村振兴政策的推动下，一些具有肉牛养殖传统和饲料资源供应丰富的地区通过人才培养、技术引进、新型经营主体培育等方式促进了肉牛产业成为巩固脱贫攻坚成果、全面推进乡村振兴和促进经济社会稳定发展的支柱产业。

1.1.3 肉牛产业的未来发展目标与方向

(1)锚定数量目标　2021 年农业农村部发布的《推进肉牛肉羊生产发展五年行动方案》指出，到 2025 年，牛肉产量将稳定在 680 万 t 左右，自给率保持在 85%左右，肉牛规模养殖比重达到 30%。按牛肉年消费量 800 万 t 计算，对比上述几个数量目标的要求，2020 年度我国牛肉产量为 672 万 t，肉牛规模养殖比重达到 29.6%，牛肉自给率达到 84%，几项指标已基本接近达标要求。按照"牛肉消费量＝国内生产量＋进口量－出口量"来计算，2020 年我国牛肉实际消费量为 882.6 万 t，预计此数字还会逐年增加。因此，随着我国消费者对牛肉消费需求的不断增长，满足牛肉自给率达到 85%，将是我国肉牛产业不断努力奋斗的目标。另一方面，随着城乡居民收入水平的提高和饮食习惯的改变，我国人均牛肉需求量将显著上升，将带来牛肉消费的快速增长。以目前的人口基数计算，人均牛肉消费量每增加 100 g，消费总量约需要 14 万 t 牛肉的市场供应。经济增长是牛肉需求的主要内生驱动力，新兴的中产阶级和快速的城市化进程极大地刺激了牛肉需求量的快速增长。2020 年我国人均牛肉消费量为6.27 kg，尽管这一增长幅度很大，但我国人均牛肉消费量仍低于世界人均牛肉消费量 8.6 kg 和发达国家 14.7 kg 的水平，这也预示着我国牛肉消费量可能还将继续持续性增长。因此，满足消费者对牛肉数量增长的需求，仍是我国肉牛产业在相当长一个时期的刚性任务。

(2)提高生产力水平　随着我国现代化进程发展和畜牧业的产业转型升级，我国肉牛产业正在向适度规模化、精细化和智能化方向转型，通过选育肉质好、生长快和饲料转化效率高的肉牛品种、充分利用本地非粮饲料资源提高牛肉生产力、加强精细化管理等措施来满足消费者需求的牛肉市场供应，仍是肉牛产业长久追求的目标。根据中国畜牧兽医统计的 2020 年的数据，与肉牛产业技术先进的国家相比，我国肉牛产业的生产力水平还很低，其中生长肥育牛饲料转化效率[(9～12)∶1 对比(6～7)∶1]、屠宰牛胴体重(146.4 kg 对比 320 kg)、每一养殖员工平均养牛头数(50～300 头对比 1 500～3 000 头)、繁殖母牛产犊率(55%对比 88%)等主要生产力指标，还有非常大的改进潜力，品种选育、营养饲料、繁殖、疫病防控、环境设施、粪污处理、屠宰加工、经营模式、精准管理等技术领域仍有很大提升空间。

(3)提高牛肉品质　牛肉品质通常是指鲜牛肉和加工肉所具有的外观、风味、营养、卫生等各种与加工和食用有关的物理、化学性状。衡量牛肉品质的指标很多，包括食用品质、营养品质、感官品质、卫生品质等，其中食用品质是肉牛产业和消费者普遍关注的最重要品质。最初，人们关注的牛肉品质主要是其外观、风味、质地等感官指标和价格因素，随着人们生活节奏的加快和对健康的日益重视，消费者所关注的牛肉品质还更多地包括了卫生、营养、保健和便利性等指标。传统意义上，嫩度、多汁和风味被认为是决定牛肉适口性和食用品质的 3 个最重要因素。因此，世界各国的肉类科学研究和行业焦点，都是从客观和主观角度测定这 3 个重要指标，并确定其影响因素。牛肉品质在不同国家的消费者中具有不同的认知。韩国、日本、澳大利亚、中国和美国认为肌内脂肪含量对牛肉品质的等级来说很重要，而英国、法国和德国则更喜欢肌内脂肪较少的瘦型牛肉。无论如何，消费者亲身体验的牛肉食用品质是衡量牛肉品质优劣的重要考量。澳大利亚提出了基于嫩度、多汁、风味和整体接受度等主要食用感官指标的澳大利亚牛肉分级标准，并在肉牛行业中得到了推广和应用。食用品质来评价牛肉品质也许代表了未来牛肉品质分级的一种趋势。我国肉牛业尚处于起步阶段，在培育以大理石纹牛肉为代表的中高端牛肉方面具有较大发展空间。

(4)提高健康养殖水平　健康养殖是整个畜牧业的发展方向，体现了现代畜牧业的经济、生态和社会效益的高度统一。肉牛的健康养殖至少包含保障动物健康、人类健康和环境健康等 3 个方面的含义。其中，保障动物健康，即在养殖过程中要保障肉牛的正常生长、发育和繁殖，以保障动物福利为中心；保障人类健康，即以生产质量安全、富含营养、美味的健康牛肉产品和保护人类健康为目的；保障环境健康，即肉牛养殖方式要以符合节约资源、减少对环境影响为原则。包括牛肉在内的食品生产对环境的影响，仍然是食物供应链中所有利益相关方面所面临的一个重要问题。联合国粮农组织报告称，全球畜牧业产生的温室气体数量占总量的 14.5%。这就需要肉牛产业从育种和营养饲料等方面入手，推广更为高效的养分利用方式，以减少甲烷排放并提高肉牛的饲养效率和效益。如今我国肉牛养殖的方式、技术、设施和管理水平，距离保障动物健康、人类健康和环境健康的肉牛健康养殖要求还有不小的差距。特别是传统养殖方式以分散的小农户经营为主，缺乏养殖的规范要求，很少考虑牛体健康和牛只福利状况；饲料资源不足，尤其是粗饲料加工技术落后，饲料配比与饲喂方式随意；疫病防控形势严峻，活牛异地运输过程中疫病防控不严和监管不力，导致多种疫病频发，严重影响牛只的健康和生产效益；养殖设施条件简陋，粪污随意排放，导致人畜不分，环境脏乱，污水横流，正常人居环境无法保障。所有这些问题的存在都要求肉牛行业在提高健康养殖水平方面花费大力气，尽快改变当前的落后现状。

(5)促进可持续发展　自新中国成立以来，特别是改革开放 40 多年来，我国肉牛业得到了快速发展。当今，我们正面临资源、环境和社会发展的多重压力和挑战，肉牛业也必须走可持续发展之路。根据全球可持续牛肉生产组织的建议，肉牛业的可持续发展应包括资源、环境、动物健康与福利、牛肉安全与品质、生产效率与创新等 5 个方面的可持续性。①资源的可持续性是指牛肉生产价值链应有责任地管理和利用各种自然资源，以增强生态系统的健康水平。肉牛业发展所依赖的自然资源包括土地、水源、饲料、牛舍及设施等，要求肉牛生产所有的活动要依照最佳管理规范的要求实施，充分利用可再生饲料资源和草地资源，以维持和增强当地动植物的生物多样性。②环境的可持续性是指牛肉的生产和消费行为对公共健康和环境不会产生重大影响。为了达到这样的要求，肉牛生产需要采用符合保障环境可持续性的技术措施和管理规范，消费方面还需要考虑可持续的膳食。联合国粮农组织将可持续膳食定义为“对环境影响低、有助于当今和下一代消费者的粮食和营养安全以及健康生活的膳食。”该膳食具有以下特性：保护并尊重生物多样性和生态系统，在文化上可接受，经济上公平且普通消费者负担得起；营养充足、安全和健康；同时优化自然和人力资源。鉴于肉牛业是温室气体排放的重要贡献者之一，因此减缓气候变化也是未来肉牛业发展需要考虑的重要因素之一。③动物健康与福利的可持续性是指肉牛在养殖、转运和屠宰过程的健康与福利应得到尊重和保证，依据相关条例或规范的要求进行管理。养殖过程要为动物提供足够的空间，保证充足的饲料和饮水，饲粮营养成分要均衡，及时发现营养不良的个体并采取适当措施纠正，给牛只提供健康服务，规范使用兽药和疫苗，治疗过程中尽量减少过度疼痛和伤害等；转运和屠宰过程要遵循世界动物卫生组织动物福利程序或其他福利标准的要求实施。④食品安全和品质的可持续性是指通过牛肉生产、流通和消费过程信息的完整性、透明度和共享，以实现牛肉产品的安全和品质的可持续性。⑤生产效率与创新的可持续性是指肉牛生产利益相关方需要鼓励创新、优化生产、减少浪费并增加肉牛生产的经济可行性，其中包括通过科学研究、教育培训、技术推广和产业合作等方式，持续提高肉牛对饲料、水源、土地、人力和设施的利用效率并减少各个生产环节的浪费，尤其是不断创新肉牛品种选择技术和管理实践，使动物及其产品不断适应气候、资源、市场需求和消费者偏好的变化。

1.2 疫病是困扰当前肉牛产业健康发展的最大顽疾

在我国肉牛产业发展过程中，制约产业健康发展的因素很多，包括品种、营养、疾病、环境、设施、管理、营销、经济、加工、市场和消费等多个方面，其中影响最大的是疫病因素。

1.2.1 对肉牛养殖和公共健康存在威胁的疫病种类

新修订的《中华人民共和国动物防疫法》于 2021 年 1 月公布，其中规定了动物疫病分为下列三类：一类疫病是指口蹄疫、非洲猪瘟、高致病性禽流感等对人、动物构成特别严重危害，可能造成重大经济损失和社会影响，需要采取紧急、严厉的强制预防、控制等措施；二类疫病是指狂犬病、布鲁氏菌病、草鱼出血病等对人、动物构成严重危害，可能造成较大经济损失和社会影响，需要采取严格预防、控制等措施；三类疫病是指大肠杆菌病、禽结核病、鳖腮腺炎病等常见多发，对人、动物构成危害，可能造成一定程度的经济损失和社会影响，需要及时预防、控制。

在以上三类疫病中，与牛相关的病种一共有 35 种，其中一类病种 5 种，二类病种 17 种，三类病种 13 种。5 种一类病种均为独属牛病，包括口蹄疫、牛瘟、牛传染性胸膜肺炎、牛海绵状脑病、蓝舌病；17 种二类病种中有 8 种为独属牛病，分别是牛结核病、牛传染性鼻气管炎、牛恶性卡他热、牛白血病、牛出血性败血病、牛梨形虫病（牛焦虫病）、牛锥虫病、日本血吸虫病；有 9 种为牛与多种动物共患的病种，分别是狂犬病、布鲁氏菌病、炭疽、伪狂犬病、魏氏梭菌病、副结核病、弓形虫病、棘球蚴病、钩端螺旋体病；13 种三类病种中有 5 种为独属牛病，分别是牛流行热、牛病毒性腹泻/黏膜病、牛生殖器弯曲杆菌病、毛滴虫病、牛皮蝇蛆病；有 8 种与多种动物共患的病种，分别是大肠杆菌病、李氏杆菌病、类鼻疽、放线菌病、肝片吸虫病、丝虫病、附红细胞体病、Q 热。

1.2.2 当前我国肉牛场流行的主要疫病及其流行特点

我国肉牛业正在向规模化和集约化方向发展，随之而来的是疫病的困扰。规模化养殖由于饲养密度的加大、营养的限制、引种的频繁、防疫体系的缺失等，使得许多规模化养殖场疾病不断发生，不仅影响肉牛产业的健康发展，而且影响肉牛养殖农民效益的进一步提高。

根据不同研究人员在辽宁、广西、山东、宁夏、甘肃、新疆等省区的肉牛流行病学调查发现，危害牛群健康的主要疾病有传染病（包括牛病毒性腹泻，BVD；牛传染性鼻气管炎，IBR；牛呼吸道合胞体病，BRS；布鲁氏菌病；口蹄疫；牛结核病，BTB；牛副结核病，BPB）、寄生虫病（包括体癣、线虫等）、消化系统疾病（包括消化不良、酸中毒、胀气等）、繁殖疾病（包括子宫炎、乳腺炎、产后瘫痪）以及外伤等，严重制约着肉牛业的发展。

值得关注的是，我国的肉牛场疫病流行有以下几个特点：①以呼吸道感染为主的混合感染居多。其中，呼吸道系统感染性传染病多发于长途运输后或气温突变等情况下，经诊断表明，多数为多病原引起的混合感染。②人畜共患病发病情势严重。在东北、西北肉牛主产区，在近年来的疫病监测中，发现布鲁氏菌病、结核杆菌病、炭疽病等人畜共患病多有发生，成为威胁人畜安全的严重问题。③口蹄疫防治难度加大。由于口蹄疫病毒的易变性，发病无规律性，使得口蹄疫防治难度越来越大。④体外寄生虫感染情况严重。目前集约化肉牛场大多实行舍饲拴养方式，冬季为了保温，多采用塑料暖棚养牛。由于牛舍潮湿，通风不良，常诱发牛群发生疥癣病。牛群一旦发生疥癣病则传染很快，很难根除。⑤新型外来疾病威胁来势迅猛。随着从国外引种数量和频次的增加，国外流行的疾病也随之传播，对我国牛群的健康造成了巨大的威胁。这些疾病包括近年来流行的牛结节性皮肤病（lumpy skin disease，LSD）、赤羽病（akabane disease）等。这些疫病在国外都有成熟的疫苗作为预防措施，而我国目前尚未允许引进这些疫苗，使得肉牛业的养殖风险防不胜防。

1.2.3 我国肉牛疫病防控领域存在的主要问题

我国肉牛产业中在疫病防控方面存在的问题很多，不少专家结合实际情形对此进行了总结分析，主要包括以下几个方面。

（1）活牛跨区域调运的防疫机制不健全　受市场供求关系、产业布局、消费习惯等多种因素的影响，我国肉牛长距离、大范围调运的情况非常频繁。口蹄疫、呼吸道疾病及运输应激综合征是发生于肉牛的主要疫病，活牛异地运输和预防监管检测不到位是主要原因。研究表明，口蹄疫等重大疫病难以防控与这种特殊的流通方式密切相关。我国多个地区存在“买全国、卖全国”的活牛交易市场，病毒随活牛运输传入调运路线沿线各地，再通过活牛交易迅速传播，存在活牛流通环节疫情传播扩散的问题。

（2）肉牛疫病防控财政支持保障制度不完善　我国在牛疫病防控领域的财政政策对于实施口蹄疫强制免疫、稳定基层动物防疫队伍、争取养殖场（户）参与支持牛病防疫工作都发挥了重要的作用，为重大动物疫病防控工作提供了基础保障。但是，综合近年来基层工作的实际，目前肉牛产业疫病防控的公共财政保障制度尚存在总量不足、结构环节不合理等问题。例如，一些地区因布鲁氏菌病、结核病扑杀牛获得的政府财政补贴，远远低于养殖户的养殖成本和市场价格。扑杀补偿标准过低继而引发了扑杀难、养殖户瞒报疫情等一系列问题，导致疫病的群体性暴发和扩散，不仅影响了牛疫病防控工作的深入开展，而且也带来了更大的食品安全隐患。

（3）肉牛疫病监测预警、流行病学调查和信息数据库建设等工作起步晚，基础相对薄弱　疫病监测和流行病学调查为重大动物疫病预警预测、风险评估、有效防控提供重要的支撑，为动物疫病政策的制定提供科学依据。在动物疫病监测和流行病学调查过程中，系统地收集、整理与保存有关重大动物疫病、重点人兽共患病和动物源性致病微生物病原数据库，对溯源及科学研究都具重要价值。我国肉牛养殖过程中的口蹄疫、布鲁氏菌病、狂犬病等重大疫病和人兽共患病的疫情监测尚未建成分工明确、布局合理的实验室网络，而且各级兽医实验室专业技术力量不够充实。与国外肉牛业发达国家相比，我国的兽医流行病学研究尚处于初期发展阶段，牛疫病流行病学调查的人才缺乏，技术不足，经费投入少，导致对牛疫病流行情况的“家底不清”，无法准确掌握疫病流行态势和分布规律，因而难以制定科学合理的应对策略。

（4）肉牛疫病防控的技术支撑体系不完善　我国动物疫病防治正在从有效控制向逐步净化消灭过渡，而疫苗和诊断技术是肉牛疫病防控的重要技术支撑。我国的肉牛用疫苗品种少，效果也不够理想，且价格高。在肉牛疫病防控技术方面，发展方向应为灵敏、快速和准确的检测，而我国目前尚缺乏在牛舍旁能够快速诊断的技术与试剂盒。

(5)过分关注重大疫病，轻视常发病　重大疫病是防控重点；常见病常发、且面广量大，是防控难点。我国对重大疫病防控的重视度高、投入大，但对常发病的投入少，导致技术少、产品少、防控能力弱。如牛呼吸道综合征是严重影响肉牛健康的重要原因，主要病原是牛支原体，并发或继发感染病原包括牛巴氏杆菌 A 型、牛传染性鼻气管炎病毒、牛病毒性腹泻病毒、副流感病毒 3 型、牛合胞体病毒等，但目前防控手段非常缺乏。

1.3　综合防控是保障肉牛业健康和可持续发展的唯一途径

预防疫病对于保障动物的生产力和健康水平至关重要。疫病对肉牛生产会造成很大的影响。一头生病的母牛产奶量可能很低，甚至无法满足哺育犊牛所需的奶量，而且体况不佳或长期患病的未成年母牛还会延迟配种年龄，导致犊牛期患病的僵牛由于生长速度慢而无法达到上市所要求的销售体重等。如果发现整个牛群出现发病症状才开始采取治疗措施，可能为时已晚，因为这种疾病在整个牛群可能传播已久。虽然养殖者习惯于把大量资金和时间花在一些突发疫病的治疗上，对于其他经常发生的常见病可能不屑一顾，但这种常见病给企业带来的损失可能远比突发病大得多。事实上，积极地制订和实施牛群健康计划，从疫病预防入手，防止牛群出现常见的健康问题，对于维持牛群健康水平和企业的可持续性盈利至关重要。

大多数养殖场在考虑牛群健康计划时首先会想到疫苗的预防接种。但是除了预防接种外，保障牛群健康的措施还必须考虑更多的方面，包括防疫体系建设、营养保障、寄生虫控制、生物安全、环境卫生等。

1.3.1　综合防疫体系建设

在肉牛业向规模化和集约化方向不断发展的今天，保障人类食品安全中最主要的要求，就是疫病防控重点必须向提高群体抗病力、健康水平和生产能力方向转变。与之相对应，要求配套的综合防疫体系建设。

综合防疫体系建设的核心是人才队伍建设。生产中所有的任务都需要靠人去实现、去完成，所以任何一家养殖企业都必须贯彻实施以人为本的理念，注重本企业的人才培养，保持经营管理、饲养饲料、兽医防疫、配种繁殖、营销企划等团队成员的相对稳定性。制定规划，使饲养、防疫、繁殖和管理体系无断层，保证饲养管理、防疫制度和措施始终连续一致。

良好的饲养管理是肉牛养殖场保持盈利恒久不变的主题。肉牛场实行定时巡圈、信息记录与汇报的制度，使管理者及时掌握牛群的体况、毛色、粪便、姿态、饲粮、饮水、采食量、体重等信息异动情况，有针对性地调整饲粮配方、分群、通风等条件，使牛群保持良好的生理状态，提高自身抗病力，减少患病危险。

肉牛养殖场的疾病控制和防疫工作不仅是饲养员、技术员和兽医的事情，也是在企业主管的统一指导下，全方位人员密切配合的事情。从引种、饲料采购、饲料加工运输、产品销售运输、后勤保障、接待等各个方面都要以疫病防控为主，共同协作，全力保障肉牛场的安全生产。

实验室检测和监测是牛场疫病防治的有效手段，也是对疫病做出诊断和采取正确措施的科学依据，所以一个大型规模化肉牛养殖场，建立基本的实验室检测体系已势在必行。肉牛养殖场的基本实验室应具备免疫抗体水平的监测和分析能力，以指导免疫程序和计划实施效果的评估；应具备细菌检验和药物敏感性实验的能力，以指导某些药物的合理有效使用和效果评估;应具备特定病原检测和监测的能力,以指导疫病净化工作的正确开展。

综合防疫体系建设离不开动物疫情应急处理体系建设。规模化肉牛场要建立重大动物疫情应急处理体系。一旦出现疫情,要快速启动应急体系,及时上报、扑灭疫情。

1.3.2 营养保障

营养是牛群健康的基石。虽然我们可以给牛群驱虫、接种疫苗、封闭管理,并花大力气治疗出现的每一种大小疾病,但如果牛群处于营养不良状态或饲粮中缺乏某些重要的营养元素,牛群仍然会不断发生疫病。为了维持牛群的健康和最佳免疫力,需要给动物提供足够的饲粮蛋白质、碳水化合物、维生素、矿物质和洁净的饮水。

能量和蛋白质对于维持肉牛对饲料的消化、正常活动以及支持生长、泌乳和繁殖等机体核心功能的发挥都是必需的,此外蛋白质还是肌肉、神经系统和结缔组织的组成部分。能量和蛋白质是饲粮中占比最高的 2 个部分,是牛需要量最大的营养成分。肉牛至少需要 17 种矿物质,包括常量矿物质和微量矿物质或微量元素。矿物质对于维持牛群健康的免疫系统至关重要。如果土壤或饲料中矿物质不足,应通过矿物质补充料及时补充矿物质。微量矿物质在细胞更新和保持酶活性过程中发挥着重要作用,这对建立不同类型肉牛的免疫力至关重要。适当的饲粮铜、锌、锰和硒水平,可以通过预混料或矿物质舔块等方式提供。妊娠母牛和新产母牛及它们的犊牛可能需要额外补充矿物质补充料。尽管提供少量矿物质就能使肉牛保持最佳的健康状态,但缺乏矿物质会导致其生长缓慢、免疫功能和繁殖性能显著下降。营养不良会增加牛群对疾病的易感性,并干扰动物对疫苗接种的免疫应答。腹泻、肺炎、腐蹄病或不孕症在很大程度上是营养不良所致,更确切地说,这些疾病与牛群缺乏生长所需的各种矿物质有关。

水是肉牛的必需营养素,占动物活重的 50%~80%。与其他营养缺乏症相比,肉牛饮水不足所导致的生产性能下降会来得更快且更明显。实践经验表明,许多疫病的暴发始于牛群饮入了被大量病原体污染的脏水。清洁的饮水对于所有动物都很重要,对犊牛尤其如此。生产中经常可以发现,牛群因料槽和水槽共用而饮水不足,导致食欲下降,采食量不足,生长速度减慢,饮水严重不足时,肉牛会出现便秘、皮肤病、肾结石、关节炎等疾病。为了动物的健康,必须确保不同类型的牛都能喝到足够的不被粪便等污染的饮水,需要考虑肉牛有足够的饮水空间和适宜的水槽高度,另外冬季还需要给水槽做加温处理。草原放牧地区,更需要建设足够的饮水点。

1.3.3 寄生虫控制

寄生虫的控制对于保证牛群的健康至关重要。虽然有些牛群看起来很健康,但其体内和体外的寄生虫可能会随时夺走它们的营养和能量,导致牛只生长速度缓慢、产奶量下降和免疫系统发挥作用的效率降低等。某些类型的体外寄生虫会将疾病从一种动物传播给另一种动物。体内寄生虫(如胃蠕虫、肝片吸虫等)和体外寄生虫(如苍蝇、虱子、蜱虫等)阻碍了肉牛最佳生产性能的发挥。即便是少量的寄生虫也会降低犊牛的断奶体重,而大量的寄生虫则将严重影响动物的健康,并使其对多种疾病的易感性增加。

1.3.4 生物安全

为了防止疫病被带入肉牛养殖场,应尽可能保持牛群与外界的良好隔离。避免从疫区引进新牛,在预防疫病传播方面,自繁自养的幼龄母牛通常比外购母牛更安全。如果购买成年母牛、幼龄母牛或后备公牛,必须从非疫区且信誉良好的养殖场购买,不可随意在交易市场上购买疫病历史不清楚的牛只。在因补栏需要必须外购新的牛只时,应先将购入牛群在隔离牛舍隔离饲养一段时间(通常为 7～10 d),以确保新购入牛群不会携带疫病。如果发现动物在隔离区发病,那么除了合理处置发病牛只外,还要彻底清理该病牛舍的所有动物粪便,并使用适当的消毒剂正确消毒,不可让生病的动物传染给其他健康牛只。

一些疫病,例如病毒性腹泻(BVD)可能是毁灭性的。即使牛群接种了疫苗,但当农场有一头牛被感染,它对于整个牛群的健康就可能是灾难性的威胁。疫苗接种永远不会 100%有效,尤其是用于预防病毒性腹泻的疫苗。在将新的外购牛只与原有的健康牛群合群之前,务必让兽医测试新外购牛只的疫病携带状况(如 BVDV 携带情况)或其持续感染状况。

1.3.5 疫苗接种

疫苗接种是保障牛群健康和安全生产的基础,是养殖场必须应用的手段之一,也是保持动物健康并减少抗生素应用的需要。有些以生产天然和有机牛肉为目标的养殖企业,要求放弃使用抗生素和其他药物,但这并不意味着生产中放弃使用疫苗。制定和实施完善的疫苗接种程序以最大限度地提高免疫反应,可以提高疾病入侵的门槛,减少牛群对抗生素的需求,并增加符合自然生产计划标准的产犊百分比。对于那些以天然或有机牛肉生产为目标的企业来说,更需要高度重视预防性疫苗接种计划的实施。

即使在隔离和管理良好的牛群中,牛只也会感染一些致命的或造成较大健康损害的疫病。其中,有一些疫病是由野生动物带入的(如钩端螺旋体病),还有一些是由昆虫携带的,或是由环境中一直存在的细菌孢子带入。接种疫苗是预防这些疫病的唯一方式。制定一份详细的疫苗接种计划,可作为整个牛群健康管理的一部分。关于哪些疫病需要特别关注,则取决于牛场所在的地理位置和该疫病在牛群中传播风险的大小。如某人自家后院养了两头牛,而且从没有与其他牛群接触过,那么它们可能没有多大感染风险,这与一个随时有新牛只引入的大牛群的情况完全不同。

有经验的当地兽医了解哪种疫苗对于当地饲养的牛只最为必要,并可以提供有针对性的最佳牛群免疫接种计划。第一是他们会依据当地疫情流行规律和目标肉牛群的健康状况制定出合理、科学的免疫程序;第二是依据疾病流行情况和抗体水平,制定严格的接种计划;第三是严格依据计划进行接种和监测。在免疫接种过程中不但要注意疫苗的运输、保存环节,同时还要严格按照操作规程注射。良好的预防性免疫接种计划,不仅有助于保持牛群的健康,还有助于减少可能造成行业重大经济损失的疫情暴发的概率。

1.3.6 环境卫生

建立干净整洁的环境体系是肉牛场安全防疫的一个重要环节。在干净整洁的环境下,病原微生物、蚊蝇不易滋生,可以大大降低牛群疫病发生的风险。疾病控制需要致力于长期且不间断的牛场清洁工作。经常对受污染的畜舍、围栏和犊牛棚以及其他建筑物中的粪便和陈旧的垫料进行清理并消毒,这可能是打破疫病循环和预防未来出现新病例的唯一有效方法。如果发病的动物被移走接受治疗,则应在动物被移走后和使用消毒剂消毒之前对所有设施进行彻底消毒。例如,消毒剂对被污染的牛舍墙壁或地面进行消毒几乎没有什么作用,因为垫料和粪便等有机质会使许多消毒剂失去活性，并使病原体免受杀菌产品的侵害。畜舍表面上遗留的污垢可以先通过擦洗或蒸汽浸润方式进行清除，然后使用清洁剂清理。肥皂有助于彻底润湿污渍，并可以将有机污渍分解成更容易清理的小颗粒。一旦牛舍和设施表面的污渍被清理掉，化学消毒剂才有机会更加有效地发挥作用。

选择适合的消毒剂非常重要。例如，用在育犊母牛舍的消毒剂不能有强烈的气味，否则可能会影响母牛给犊牛哺乳。对于用于料槽或水槽的消毒剂来说，不可以选择用于清洁牛舍的消毒剂，因为这种消毒剂的毒性可能太大。商品化消毒剂的种类很多，在选用任何一种消毒剂之前，都要熟悉其特性和使用方法。每一种消毒剂都有优点和缺点。在选用任何一种消毒剂之前，都必须向商家和有经验的兽医寻求建议。

集约化肉牛养殖场还必须高度重视饲养环境的绿化美化工作，场区绿化能吸收有害气体，控制和净化肉牛场空气。

2 肉牛场疾病防控基础知识和技能

内容提要：

本章介绍肉牛养殖相关的肉牛管理和疫病防控措施，包括牛只的正常行为、基本生理指标，肉牛场可能涉及的基本兽医操作以及常用疫苗的接种程序等，为肉牛健康维护以及疾病预防提供基本参考。读者从本章可了解肉牛场疾病防控和兽医相关的基本操作技术以及适用范围。

2.1 肉牛正常行为和生理指标

通过了解肉牛的行为特征，管理人员可以识别牛只的异常表现以及临床症状，尽可能降低牛群管理过程的应激风险。

2.1.1 牛的感觉

牛主要通过眼睛、耳朵和鼻子感知周围环境。牛的视野范围约为300°，牛体正后方的一小片区域为盲区，所以接近牛的任何人不应站在牛的盲区内或从牛的正后方接近它，因为这可能使牛受惊，从而导致其做出攻击行为。牛需要低头才能看清前肢附近的地面，且深度感知能力较差，无法快速聚焦，所以在运输过程中应预留时间，让它们获悉地面状况。牛不喜欢强对比度的光线（如灯光、阳光等），它可能会误认为光线投射到地面的阴影是深洞。除了红色，牛也能识别其他颜色，它们对强对比度的颜色更为敏感，所以颜色一致的设施引发牛应激的可能性更小。与人的听觉相比，牛能听见音量更低、频率更高的声音。它们不喜欢响亮、高亢的声音，在处置牛时应尽量保持安静。

牛通过嗅觉来识别其他牛，并且能凭气味来判断其他牛的发情状态。当牛处于警戒状态时，通常更多地依赖视觉和听觉而非嗅觉来感知危险因素。

触觉也是牛感知外界的一种方式。有力的抚摸通常能使牛平静下来，而轻柔的抚摸则可能使其发痒或受惊。牛是群居动物，其周围存在其他同伴会使牛感到舒适和安全（图2-1）。应尽量避免暴力或骚扰性的击打，牛可以长期储存恐惧的记忆，会把这些记忆与特定的人员或设施关联起来，从而给后续的饲养管理工作带来障碍。与牛的第一次互动尤为重要，应尽量使用低应激的处置手段，给牛预留适应环境和熟悉人员的时间，与牛建立友好信任的关系。

图 2-1　牛是群居动物（孟庆翔　供图）

2.1.2　牛的自卫

牛的自卫方式包括逃跑、踢、踩踏、头部撞击和挤压等。牛一旦受到惊吓，即使是犊牛，也可能采取攻击行为，给操作人员带来严重伤害。成年牛和犊牛都有强大的踢力，成年牛通常采用的方式是旋踢，而犊牛则倾向于直接向后踢。牛与操作人员之间应始终保持足够的空间和距离。操作人员还需小心牛的头顶，特别是牛角的部位非常危险。对牛进行简单保定并不能消除操作人员受伤的风险，被限制在挤压式保定架中的牛仍然可以通过甩头、踩脚等动作对操作人员造成伤害。牛的体重也可以形成极大的破坏力，即便是一个转身，也可能会将操作人员推挤在栏杆或墙角，造成重伤。

在任何情况下，不应追逐落单的牛只，尤其是在牛只受惊时，落单的牛只极有可能攻击操作人员。即使是拴了缰绳或平时性情温顺的牛，也不应对其放松警惕。另外，母性的本能、离开熟悉的环境以及环境中的应激因素等都会使牛的行为难以预料。例如，正处于哺乳过程的母牛为了保护犊牛很可能会对接近犊牛的人做出攻击行为。

2.1.3　驱赶牛

当感受到威胁时，牛会有攻击或逃跑的反应。在大多数情况下，牛很容易受到惊吓。在面临威胁时，牛更倾向于逃跑，但在激动时也可能发起攻击。

逃逸区（flight zone）是指牛群与周围人员之间保持的一段区域，当准备接触牛的人员进入牛的逃逸区时，牛只通常会选择逃跑。

牛的平衡点位于其肩部的位置。当人站在这一点的头侧时，牛通常会向后移动；当人站在这一点的尾侧时，牛通常向前移动。操作人员可以利用逃逸区和平衡点的原理合理移动牛群（图 2-2）。

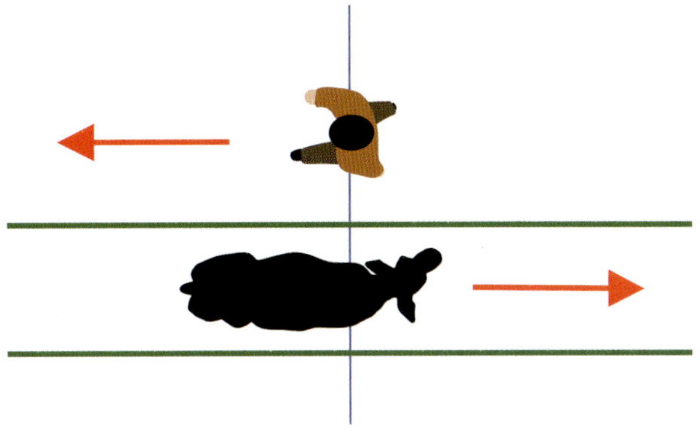

图 2-2 牛的平衡点(蔡恩嘉 绘图)

为避免牛对人发起攻击,应温和且缓慢地转移牛,禁止在牛无路可走时对其击打、大声喧哗或暴力驱赶,这会让移动牛群的过程变得更难。如果必须击打驱赶牛群,则应避免击打牛的眼睛、肛门、生殖器和乳房等敏感部位。

牛倾向于跟随领头牛(或头牛)成群进行移动,因此,可以利用这种行为让头牛向人所期望的方向移动,然后让整个牛群跟随。可以用旗帜类工具阻挡牛的一侧视线,让牛转身。应尽可能避免单独隔离一头落单的牛只,落单的牛只会更迫切地想要逃跑,表现出受惊的行为,从而导致操作人员受伤的风险增加。落单的牛只会寻求其他牛的陪伴,可能会试图穿过栅栏重新进入牛群。如果需要将一头牛限制在远离牛群的地方,可以在牛圈内或附近再放置另一头牛。驱赶一群牛可能比只驱赶一头落单的牛只更容易(图 2-3)。

图 2-3 牛因驱赶而受惊(朱怡平 供图)

2.1.4 肉牛的正常生理指标

(1)直肠温度:36.7～39.1 ℃。

(2)心率:60～70 次/min。

(3)呼吸频率:10～30 次/min。

(4)发情周期:18～23 d,平均 21 d。

(5)发情持续期:12～18 h。

(6)妊娠期:283～285 d。

2.2 牛群的常规检查

2.2.1 引种

保持牛群的封闭性是将疫病控制在最低水平的最佳方法。如果可行,养殖场应从一个来源地购买动物,并在购买前获得牛群的完整健康资料,包括疫苗接种情况和病史等。建议购买尚未进行过配种的未成年母牛,并至少于育成母牛初配时间前 1 个月购入。新引入的牛只应与养殖场的其他牛只先进行隔离,并进行常规检查,以筛查任何潜在的疾病。只有在兽医进行彻底的体检,包括对布鲁氏菌病、结核病以及该地区已知流行的任何其他疫病的检测后,才能购买种牛。种公牛也应进行全面的繁殖性能合格度检查。

犊牛的引种在犊牛抵达养殖场后应保证 12～24 h 的休息,饲喂营养丰富且易于消化的饲料和饮用清洁的饮水。同时,还需保证圈舍温度适宜,通风良好,垫料舒适。待犊牛从运输所造成的应激中恢复后再注射疫苗,并进行去势等处置工作。

2.2.2 繁殖牛群的检查

繁殖牛群的检查包括几项内容。

(1)配种季前应检查种公牛的繁殖能力。

(2)在配种季开始前 30 d 以及对未妊娠的母牛可接种牛传染性支气管炎-牛病毒性腹泻(IBR-BVD)二联疫苗;在我国目前的情况下,进入肥育场的肥育牛建议接种口蹄疫疫苗,犊牛断奶前建议接种布鲁氏菌病疫苗和梭菌病疫苗。

(3)定期开展体内驱虫,更好地预防或治疗体内寄生虫。

(4)采取良好措施,控制体外寄生虫,使用有效的驱虫药杀灭苍蝇和牛虱。治理养殖场环境,将体外寄生虫的数量控制在最低程度。

(5)新引进的牛要先隔离,证明无疾病风险后,再混群。

2.2.3 围产期检查

(1)围产期应密切观察怀孕的母畜。

(2)保持产房的洁净有助于孕畜顺利分娩以及保障犊牛健康。

(3)产房应配备齐全的助产设施、器具和药物。

(4)初产母牛通常较经产母牛更易发生难产。

2.2.4 犊牛检查

(1)犊牛断脐后,用碘酒或氯己定等消毒剂浸润脐部。

(2)确保犊牛在出生后 1～2 h 内吃上初乳。可预备冷冻初乳或商业初乳粉,以备不时之需。对于虚弱、无法自主吮乳的犊牛,可为其准备一根食道饲管,用来灌服乳汁。

(3)给犊牛打耳标。

(4)在犊牛 1 月龄之前进行去势(根据市场需要而定)和去角。这时的操作过程较为简单,引起牛的疼痛较轻,且不易引发感染问题。

(5)为 60～90 日龄的犊牛接种梭菌病疫苗和 IBR、BVD、PI-3 的单联或多联疫苗。为 4～12 月龄的后备母牛接种布鲁氏菌病疫苗。

(6)定期进行体内驱虫。

(7)若发生眼病,则应在兽医做出诊断后按医嘱治疗和预防。应尽量减少圈舍内蚊蝇滋生,密切关注患畜状况。

2.2.5 其他

(1)提供营养均衡的饲料,有条件的牛场可对饲料进行营养检测。

(2)提供足够的矿物盐补充,保证牛摄入均衡的矿物质。

(3)提供维生素 A 与维生素 D。

(4)保持牛的蹄部清洁,定期去除蹄部的粪便与饲料残渣,尤其在配种季开始的前几周应注重这项工作。

(5)肉牛应尽可能采用皮下注射的方法接种疫苗,并局限在肩前的颈部区域(图 2-4)。

图 2-4 正确的疫苗接种部位(蔡恩嘉 绘图)

2.3 剖检和采样送检流程

2.3.1 剖检前准备

现场剖检的主要目的是获得可用于评价生产或影响管理决策的信息,许多饲养管理对策的决定都与对牛体器官系统的科学评估有关。

保障操作人员的安全是首要的，应准备好防护服、手套、靴子、水、肥皂、消毒剂和清洁刷等，以便消毒使用。应提醒所有操作者在工作过程中要小心谨慎，尽量减少个人污染。

准备一把锋利的解剖刀用于尸体剖检，刀刃的角度以15°～25°为佳。不应将解剖刀用于其他用途，以防止其刀刃磨损。不要用解剖刀切割幼龄动物以外的其他动物的肋软骨和硬物，以防止损坏刀具。

2.3.2 剖检流程

反刍动物尸体应采取左侧卧，在剖检过程中完整记录观察到的情况。应充分了解被检器官组织的结构和功能，这是将观察结果与疫病诊断联系起来的关键。不应急于根据最初的观察就做出确诊。

(1)切开被皮，使髋关节脱臼　在使髋关节脱臼时，应切断固定股骨的肌肉及韧带，包括内收肌、半腱肌、耻骨肌、缝匠肌和股骨头韧带等。沿下颌下侧、喉部上方以及气管上方的颈部进行切割，切口应朝向动物的右前肢腋下。继续在胸部的腹侧切开，经过肋软骨，沿腹壁通向右后腹股沟区域。胸部与腹部切口应旁开腹中线约10 cm。在切开腋下时，不要向上朝肩胛骨方向切开皮肤，应尽量保持被皮的完整性。

(2)沿着后肢内侧皮肤检查膝关节与跗关节　切开股骨滑车一侧，再从髌骨上方切开，通过它与股四头肌的连接，一直切至股骨。髌骨此时应能够旋转，为检查膝关节提供良好视野。后肢检查完毕后，向前肢方向继续剥皮，当剥至脊椎横突和肋骨近端水平时，很容易切断固定前肢的背阔肌。这时抬起前肢，切断胸肌，前肢应仅通过筋膜与躯干连接。

(3)检查口腔和颈部结构　沿着脸颊的一侧切开，露出前臼齿和臼齿。解剖喉、气管及食道直至胸腔入口。

(4)打开腹腔和胸腔　于最后肋骨后缘作切口，再向尾侧切开腹壁，直至一侧腹壁可以向上翻转，暴露腹腔内视野。切除大网膜，暴露小肠，将腹部脏器由横膈膜旁移开。检查横膈膜，切断肋软骨，向上翻折肋骨(剖检成年牛需借助骨剪或斧)暴露胸腔。第一根肋骨可保留。胸腔的检查包括心脏、心包、食道、气道、肺和淋巴结的检查。检查腹腔时可将小肠呈扇形展开，铺在瘤胃上。肠系膜淋巴结的变化可指示腹腔炎症。检查右肾和肝脏后，将小肠翻转至横突上方，暴露小结肠、左肾、膀胱、远端结肠和直肠。若剖检母畜则还需检查生殖器官。检查瘤胃内容物，观察瘤胃壁的损伤情况。触诊皱胃、网胃和瓣胃。在膈肌旁的腹腔前缘下找到脾脏，取出检查。打开皱胃，检查胃壁是否有溃疡、寄生虫或瘢痕等病变。图2-5展示了牛支原体肺炎的剖检诊断过程。

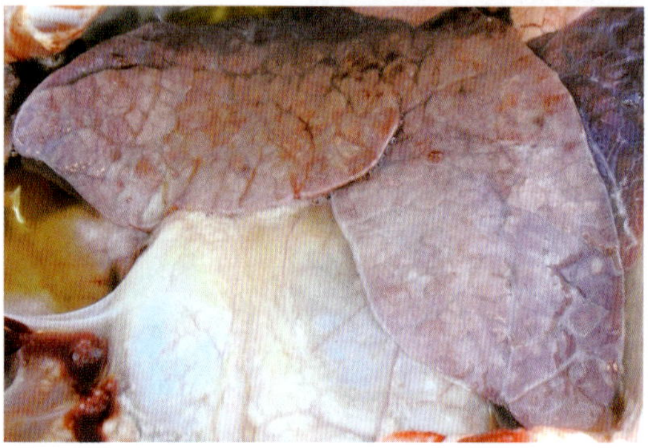

图 2-5　剖检诊断牛的支原体肺炎(宋荣渊　供图)

2.3.3 送检流程

在采集组织病理学样本时，应将其切成边长小于7 mm的薄片。肠组织样本对挤压损伤特别敏感，应确保10%福尔马林(3.7%甲醛)与肠内壁充分接触，如果剖检时没有准备福尔马林，则应将其冷藏保存。在保存时，注意各样本间需要留有适当间隔。

如果淋巴结发生变化，则还需要从该淋巴结对应的系统中采样。表现出显著病理变化的系统应沿着正常与异常组织的边界取样，以便于对比和观察。在采集微生物学诊断的样本时，建议采用细针抽吸的方法，将抽吸物喷涂在血琼脂培养皿内，用胶带将培养皿封口。该步骤完成后应注意针头的灭菌处理。

2.4 肉牛兽医必备诊断设施

2.4.1 保定设施

肉牛场应配备各类保定设施，包括保定架、鼻环、缰绳和笼头。其中保定架是必需设备，可以在给牛注射药物、灌药、打耳标、疫苗接种、去势等时起辅助作用。

2.4.2 诊断工具

基础诊断工具包括体温计、听诊器、皮尺等。若有条件还可配备便携式超声波测定仪和便携式 X 光机。

药房需配备各类常用药品及医疗消耗物品，安装药柜分类收藏，最好配备冷藏及冷冻冰箱，用于放置疫苗及需冷藏的药品。

常用医疗消耗物品包括各规格注射器、静脉采血针、采血管、一次性输液器、干棉球、一次性采样拭子、离心管、酒精、碘伏、0.9%生理盐水、外科手术用具等。

新兴诊断工具的发展使得获取个体乃至群体动物的健康状况变得更为便捷、准确。其中商品化酶联免疫吸附试验（ELISA）和聚合酶链式反应（PCR）技术的发展，使得疫病诊断的精度与速度有了质的飞跃。有条件配备这些诊断设施的实验室可以进行数十种不同疾病的检测，能够涵盖威胁肉牛生产中几种主要的病原体。

2.4.3 防护用具

人员防护用具包括 PE 手套、长臂手套、医用口罩、医用防护衣和防水靴等。应重视人员安全与公共卫生安全，注意防控人兽共患病，避免动物疫病的交叉传播。

2.5 肉牛常用疫苗功能与免疫失败

疫苗接种计划因养殖场的位置和生产类型而异，应在兽医的指导下进行合理规划。疫苗不能替代良好的饲养管理和预防措施的作用，包括引种前的选择性购买、隔离和疫病检测。疫苗的保存过程中应注意温度以及避免阳光直射。牛群接种疫苗时应注意定时替换针头，建议每头牛更换一次针头，最多每注射 10 头牛要替换一次针头。

牛场常用疫苗包括口蹄疫疫苗、布鲁氏菌病疫苗、梭菌病疫苗、呼吸道病毒疫苗等。

2.5.1 疫苗的功能

当细菌或病毒等病原侵入机体时，它们会攻击机体细胞、组织并繁殖，这种入侵被称为感染，是导致疫病的原因。免疫系统具备几种机制来对抗感染。血液中含有红细胞，用于将氧气输送到组织和器官；以及白细胞或免疫细胞，用于对抗感染，这些白细胞主要由单核细胞、B淋巴细胞和T淋巴细胞组成。

疫苗通过与机体的免疫系统合作，使动物安全地获得对疾病的免疫力，很大程度地降低了感染的风险。疫苗通过模拟感染的过程来提供免疫力，这一类型的感染不会引发疾病，而会使免疫系统产生效应T淋巴细胞和抗体。接种疫苗后有一定概率引发疫苗反应，如体温升高、腹泻、皮疹等。这种轻微的症状是正常的，随着免疫力的建立，症状将逐渐消失。模拟感染的过程结束后，机体将储存记忆T淋巴细胞和记忆B淋巴细胞，当再次接触同种病原体时，这两类细胞将做出迅速应答，抵御感染。

接种疫苗后，机体通常需要几周时间才能产生效应T淋巴细胞和效应B淋巴细胞。因此，对于接种前或刚接种后即感染疾病的牛，可能因为疫苗没有足够的时间产生保护力而患病。

2.5.2 免疫失败

很少有疫苗能保证100%免疫成功，因而肉牛养殖场管理者及兽医通常需要调查疫苗免疫失败的原因。

(1)接种疫苗时牛已患病　免疫系统开始产生抗体的时间是接种疫苗后的1～2周。如果动物在接种疫苗前或接种后不久便接触到病原体，疫苗可能会失效。

(2)疫苗注射不当　不正确的给药或剂量不足可能无法激发足够的免疫反应，故应严谨地按照疫苗说明完成接种操作。

(3)未及时进行加强接种　许多灭活疫苗以及部分活疫苗需要在初次接种后的某个时间点进行加强接种。加强接种通常引发较初次接种更强烈的免疫应答，且持续时间更长，这主要是因为免疫系统的记忆细胞可更快地做出反应。

(4)接种时间不正确　接种时间的选定应取决于相应疾病的最高风险时期。

(5)疫苗保存不当　大多数疫苗需要低温保存。冷冻或高温可能会使疫苗失活。在接种过程中，单次应仅取出足够1 h注射用的疫苗量。

(6)应激源的影响　营养不良、去势、断角、断奶和运输等应激源可影响皮质类固醇水平，从而降低免疫系统反应。

(7)母源抗体可能限制疫苗在犊牛体内的有效性　接受足够初乳的犊牛的血液中含有来自母牛的抗体，易对犊牛疫苗接种产生干扰。

(8)疫苗提供的免疫力无法抵御感染压力　即使疫苗提供了一定的免疫力，某些饲养管理问题，如饲养密度过大、环境条件恶劣、生物安全疏忽等，也可能导致牛机体免疫系统无法抵御病原体侵袭。

2.6 肉牛场常见临床用药

在肉牛养殖的临床中，应注意观察临床症状，了解给药原因，做到正确处理、给予和储存药物，提高治疗效率，避免药物产生不良反应、残留、损坏或失活。肉牛养殖场的兽医还应充分了解药物的使用须知，包括剂量、药效持续时间、给药途径和频率以及停药时间，避免牛肉制品中出现违规的药物残留。记录、统计、分析临床和实验室结果对于牛群疫病防治至关重要。治疗记录应包括日期、诊断、药物治疗具体内容、剂量、给药途径、停药日期以及操作人员。这些记录应至少保存2年，做到方便检索。定期审查这些数据，确定是否需要改变疫病管理计划。应明确标记已给药的动物，需要时，与未给药的动物隔离开，例如将处在休药期的牛只从待宰牛群中隔离出来。

2.6.1 抗菌药物

首先应考虑抗菌药物是否必要且合适，尽量使用针对确诊疾病安全有效的抗菌药物，持续评估抗菌药物的使用需求和抗菌效果。除药物治疗外，也应考虑调整饲养管理方案，减少抗菌治疗的需求。常见的抗菌药物如下：

(1)青霉素　常用抗生素药物，对革兰氏阳性球菌及革兰氏阳性杆菌、螺旋体、梭状芽孢杆菌、放线菌及部分拟杆菌具有较好的抗菌效果。

(2)链霉素或头孢类抗生素　常与青霉素配合使用，主要用于治疗呼吸道感染。

(3)林可霉素　主要用于治疗呼吸道、皮肤软组织、泌尿系统感染等。

(4)庆大霉素、乙酰甲喹　主要用于治疗消化道感染。

(5)氟喹诺酮类抗生素　常用于治疗泌尿生殖系统、消化道、呼吸道感染以及巴氏杆菌病。

(6)大环内脂类抗生素(图2-6)　常用于治疗呼吸道、消化道感染等疾病。

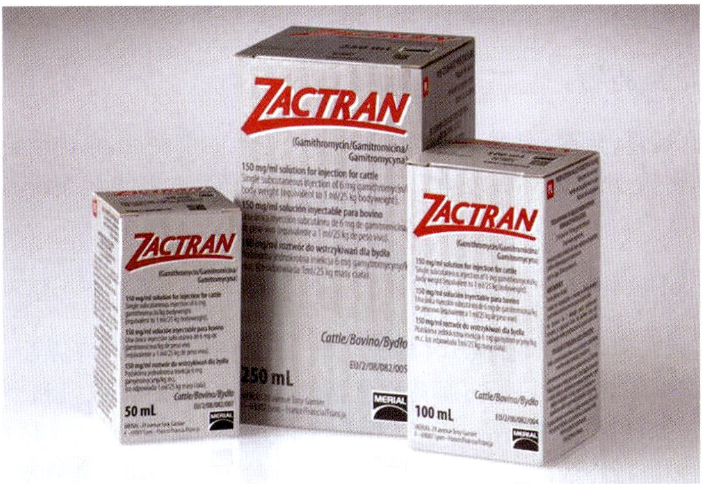

图2-6　某药品公司生产的大环内脂类抗生素——加米霉素(张寒琪　供图)

2.6.2 驱虫药物

驱虫药物主要分为体内驱虫药和体外驱虫药两大类。

常用的体外驱虫药有阿维菌素和伊维菌素，对疥螨、蜱虫、跳蚤等有广谱驱虫效果。伊维菌素(图2-7)是阿维菌素的衍生物，毒性相对较低。除此之外，体内驱虫药还包括：

(1)左旋咪唑　可驱蛔虫、钩虫、丝虫等。

(2)阿苯达唑　可驱蛔虫、蛲虫、绦虫、鞭虫、钩虫、粪圆线虫等。

(3)吡喹酮　治疗牛莫尼茨绦虫病、脑棘球蚴虫病、牛皮蝇蛆病效果较好。

(4)硝氯酚等　治疗肝片吸虫病效果较好。

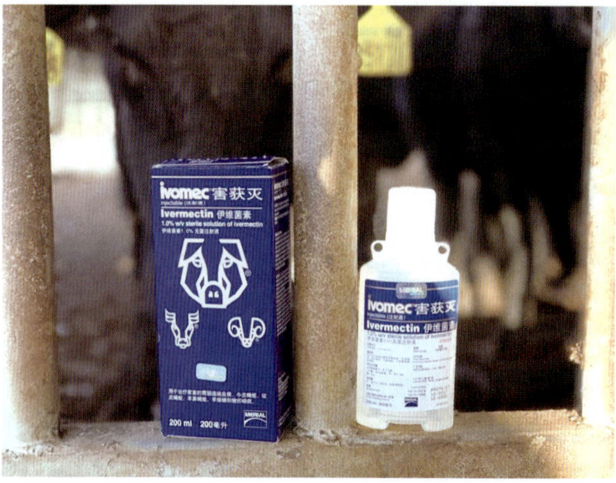

图 2-7 某药品公司生产的体内外驱虫药——伊维菌素(害获灭)(张寒琪 供图)

2.6.3 解热镇痛药物

肉牛场常用的解热镇痛药物包括美洛昔康、氟尼辛、安乃近、安痛定、复方氨基比林、奈普生等。大部分为前列腺素合成酶抑制剂,用于治疗关节痛、肌肉痛、神经痛等。

2.6.4 抗应激药物

牛在经历长途运输、转群、混群、引种等可能引发应激的事件后,可酌情给予降低应激反应的药物,补充营养物质,增强机体免疫力。常用的抗应激药物包括电解多维、黄芪多糖、维生素 C 等。

2.6.5 消毒防腐药物

在环境消毒、饮水消毒、带牛消毒、乳腺炎防治、子宫内膜炎防治等方面,消毒防腐药物发挥着重要作用。肉牛场常用的消毒防腐药物包括常用于皮肤创伤、肛门和会阴部位炎症治疗的高锰酸钾消毒剂;适用于畜舍喷洒、饮水、手术伤口、皮肤、黏膜、养殖水体等消毒,特别是用于乳腺炎、子宫内膜炎治疗的碘制剂;适用于环境消毒的生石灰、氢氧化钠等。

2.6.6 其他药物

肉牛场的其他常用药物还包括健胃药物、轻泻药物、麻醉药物、止咳平喘药物、强心药物、利尿药物、止血药物以及中药制剂。常用药物如下:

(1)酵母片、乳酶生　为微生物制剂,具有辅助消化的作用。

(2)人工盐　少量可用于健胃,大量可用于轻泻。另外石蜡油、硫酸镁等也用作轻泻药物。

(3)氨茶碱　用于缓解气喘。

(4)安钠咖　为中枢兴奋药,可加强大脑皮质的兴奋过程,兴奋呼吸及血管运动中枢。用于中枢性呼吸、循环抑制和麻醉药中毒的解救。

(5)利尿药物　主要包括甘露醇、呋塞米。

(6)酚磺乙胺　主要用于皮肤及内脏止血。

2.7 疫苗和药物注射方法

养殖场通过注射疫苗(生物制剂)来预防牛群疫病,通过注射抗生素来治疗细菌性疾病,使用驱虫药来治疗寄生虫感染。还可以通过注射药物给予支持性治疗,减轻动物疼痛或提高产量。

牛场常用的给药方法包括注射、口服和皮肤表面给药。注射又分为肌内注射、皮下注射、皮内注射和静脉注射。注射过程对牛、操作人员、肉制品消费者都存在一定风险,故应在仔细衡量成本、收益和风险后决定是否注射药物。注射对于牛的风险包括:重复利用针头造成的疾病传播以及针头污染、弯曲、断裂导致的注射部位创伤或感染。故在注射前应正确保定牛,注意注射部位的清洁消毒,从而降低动物及人员受伤的风险。对于操作人员的风险包括:人身安全问题以及经济损失。对于肉制品消费者的问题包括:肉品瑕疵和药物残留等。

2.7.1 注射前准备

在注射前应对牛进行适当的保定,保定方法的选择取决于牛的大小、注射类型和保定设备条件。适当的保定意味着充分限制牛的运动能力,让操作人员能够安全靠近牛并注射药物,同时牛不会因保定或注射受到额外伤害。应预测动物对注射的反应,保证该反应不会造成人员的伤害。

注射部位的给药量不仅取决于药物剂量,还取决于给药途径和牛机体各部位的最大建议给药量(在单个位点肌内注射量不应超过 10 mL)。进行多次注射时,应保持各注射部位至少相隔 10 cm,注意不要反复对同一部位进行注射。

应适当清洁、消毒注射部位,必要时需剃毛,避免造成感染。

2.7.2 注射方法

(1)肌内注射应局限在颈中部肌肉进行。针头垂直刺入后回抽,避免进入血管,推入药物时保持中速或慢速。注射后应按摩注射部位。不应在后肢或臀部进行肌内注射。

(2)皮下注射的方法通常为将皮肤提起后在呈"帐篷"状褶皱的底部刺入 2~3 cm 注射,这种方法能够尽可能降低误将药物注入肌内的风险。皮下注射推荐使用 16 号或 18 号、长 2.5 cm 的针头。

(3)皮内注射常用于牛结核病检疫,常用注射位点为颈部和尾根皮褶处。将结核菌素注射入皮肤的表皮与真皮之间,注射过程中会感到较大的阻力。待注射完毕,注射部位呈现小丘疹状隆起则表示操作正确。

(4)静脉注射位点常选择颈静脉中、下的 1/3 交界处,必要时也可在乳静脉进行注射。注射前可按压近心端静脉血管,使之充盈。由于牛皮较厚且不易穿透,故最好借助腕力迅速、垂直地刺入血管。注射后应使用洁净棉球按压止血 20 s。

3 肉牛病原性疾病及其防治

内容提要：

对于中国的肉牛养殖者来说，其最担心的问题是自己的牛群发生疾病。一旦一些病原被引入牛群或开始在牛群中普遍流行，牛群就会出现一系列的状况，群体健康状况下降，生产水平也就无从保证。本章主要从肉牛养殖领域主要面临的各种病原性疾病进行逐一介绍，包括常见的细菌性病原，如布鲁氏菌病、结核分枝杆菌、炭疽芽孢杆菌、魏氏梭菌等；常见的病毒性病原，如口蹄疫；也对广泛流行的各种体内外寄生虫进行了简要介绍。根据本章描述的各种病原性疾病的特征，可以帮助养殖者对牧场中出现的状况有个初步的判断。本章也介绍了各种病原性疾病的诊断方法，可以联系国内实验室对相关的病原进行鉴别检测，有些检测方法同时适用于牛只旁检测。最后的防治环节也详述了病原性疾病的治疗处置建议以及群体防控措施。

3.1 布鲁氏菌病

牛布鲁氏菌病，又称“布病”，是一种由布鲁氏菌引起的急性或慢性人兽共患传染病。布病被世界动物卫生组织（OIE）列为 B 类动物疫病，我国将其列为二类动物疫病和人的乙类传染病。

3.1.1 病原

布鲁氏菌是一种微小、近似球状的杆菌，形态不规则，不形成芽孢、无荚膜、革兰氏染色阴性，微需氧或兼性厌氧。该菌有很强的侵袭力，能从黏膜、皮肤侵入机体，对热抵抗力不强，60 ℃下 30 min 即可杀灭；对干燥抵抗力较强，在干燥土壤中可存活 2 个月以上，在毛皮中可生存 3～4 个月；对日光照射以及一般消毒剂的抵抗力不强。

3.1.2 流行特点

母牛较公牛更易感染，成年牛较幼龄牛更易感染。传播途径包括呼吸道、消化道、生殖道和皮肤等。病菌随患病母牛阴道分泌物和公牛精液排出，特别是流产的胎儿、胎盘和羊水内含有大量病菌。消化道传染主要是采食了被病菌污染的饲料、饮水；直接接触性传染主要是通过用具、交配、皮肤或黏膜等途径。新发病牛群流产可发生于不同的胎次，常发病牛群流产多发生于初次妊娠牛。

3.1.3 临床表现

母牛除乳腺炎、流产外，其他症状常不明显。流产多产出死胎或弱胎，可出现胎衣不下或子宫内膜炎，从阴道流出污秽不洁、恶臭的分泌物。公牛发生睾丸炎，并失去配种能力。有的病牛发生关节炎、滑液囊炎、淋巴结炎或脓肿。剖检可见胎盘呈淡黄色胶样浸润，表面附有糠麸样絮状物和脓液。胎儿胃内有黏液性絮状物，胸腔积液，淋巴结和脾脏肿大，有坏死灶。

3.1.4 诊断

根据流行特点、临床症状和剖检病变不易确诊，必须通过实验室检查才能确诊。如果母牛发生群体性流产，可高度怀疑布鲁氏菌感染。

(1)病原学检查　采集母牛流产的胎衣、水肿液、肝、脾、淋巴结、胎儿胃内容物等组织，制成抹片，用柯兹罗夫斯基染色法染色镜检，布鲁氏菌为红色球杆状，而其他菌为蓝色。镜检必须在二级生物安全实验室进行，并做好人员防护。

(2)血清学检查　一般采用试管凝集试验(SAT)、间接酶联免疫吸附试验(IELISA)和竞争酶联免疫吸附试验(CELISA)进行。

(3)血样采集　对新购入牛群在进场前要全部采集血样，其他场内个体按照随机抽样原则采集血样，进行布鲁氏菌抗体检测。

通常采用牛尾根静脉采血法，方法如下：采血者左手抓住牛尾使其上翘，与水平线保持45°角，在离尾根10 cm左右(第4、5尾椎骨交界处)中点凹陷处中心线位置，先用酒精棉球消毒。将针头垂直刺入约1 cm深，针头触及尾骨后再退出1 mm进行抽血，一般采血5 mL即可。抽血完成后拔出针头，用酒精棉球按压针孔防止出血。血样做好编号记录，按常规方法分离血清。

检测方法按照国标《动物布鲁氏菌病诊断技术》(GB/T 18646—2018)操作规程进行，初检采用虎红平板凝集试验，复检采用布病试管凝集试验。

(4)虎红平板凝集试验　在带孔玻璃板上各标记受检血清编号，然后在孔上加相应血清0.03 mL，在受检血清旁滴加虎红抗原0.03 mL，用微型振荡器振荡混匀。每次检测设阴性、阳性血清对照。判定：受检血清在4 min内出现肉眼可见凝集现象者判为阳性(+)，无凝集现象、呈均匀粉红色者判为阴性(−)。

(5)布病试管凝集试验　受检血清的稀释：第1管标记检验编号后加稀释液(0.5%石炭酸生理盐水)1.2 mL，第2～4管各加入稀释液0.5 mL，用1 mL吸管取被检血清0.05 mL，加入第1管，并混合均匀，然后用吸管吸取0.25 mL弃去，取0.5 mL混合液加入第2管，用该管如前述方法混合，再吸第2管混合液0.5 mL至第3管，如此倍比稀释至第4管，从第4管弃去混合液0.5 mL，将20倍稀释的抗原0.5 mL加入已稀释好的各血清管中，并振荡均匀，置37～40 ℃温箱24 h，取出检查并记录结果。每次试验均应设阴性血清、阳性血清和抗原对照。判定：参照比浊管，按诊断技术标准判读阳性、阴性和可疑。

3.1.5 日常监测

(1)自繁牛群的监测　每年的春季和秋季采用虎红平板凝集试验对全场肉牛进行普检。

如果发现阳性，再用布病试管凝集试验进行复检，双阳性牛需及时扑杀并进行无害化处理，做好防疫隔离，调整阴性牛群进入相应区域。一旦有阳性病例被检出，要立即调整普检方案，从1年2次转为每月1次，连续检测3个月，均为阴性后方可转入常规检测(1～2次/年)。

(2)外购牛群的监测　需要从外地引进种母牛、架子牛及犊牛时，应符合国家《动物防疫法》《动物检疫管理办法》的有关规定，对于进口肉牛还必须具备海关检疫局开具的检疫合格证明。在引进牛场前30 d用虎红平板凝集试验进行初筛，发现阳性再用布病试管凝集试验进行检测，如果检测出现双阳，要暂停对该批次牛的引进。已引进的牛群要先在隔离牛舍观察，隔离期间兽医技术人员要密切关注牛的精神状态、采食、体温等各项指标，并且做好记录；45 d后用虎红平板凝集试验进行初筛，结果全部为阴性才能进入牛场(区)。饲养满1年后按自繁牛群的检测方法进行检测。

3.2　口蹄疫

口蹄疫(FMD)是由口蹄疫病毒(FMDV)所引起的主要感染偶蹄类动物的一种急性、热性、高度接触性传染病。该病主要侵害偶蹄类动物，偶见于人和其他动物。其特征为口腔黏膜、蹄部和乳房皮肤发生水疱。本病可经多种途径传播，传播速度非常快，在世界范围内曾多次大流行暴发，造成了巨大的经济损失。世界动物卫生组织(OIE)将其列为A类传染病，我国将其列为一类传染病。

3.2.1　病原

口蹄疫是由小RNA病毒科口蹄疫病毒属的口蹄疫病毒引起偶蹄类动物的急性、热性、高度接触性传染病，也容易感染人，是一种人兽共患病。本病一年四季均可发生，对牛群的健康危害较大。

3.2.2　临床表现

口蹄疫的潜伏期通常为3～7 d，肉牛患病初期，多表现为喜卧厌立，体温升高，部分病牛的体温可以达到42 ℃。在发病约3 d后，可以发现在病牛舌头、牙龈等位置有白色水泡，随咀嚼动作发生不同程度的破裂，导致口腔黏膜溃烂。肉牛因此食欲困难，严重者食欲废绝，身体消瘦，导致病情进一步恶化。病牛蹄部水疱破溃，导致跛行，破溃严重时导致蹄壳脱落。发病的母牛会继发乳腺炎或流产，发病的犊牛会因心肌麻痹而死亡。解剖病死牛可于心脏处观察到点状或带状、灰白色或浅黄色的条纹，状如虎皮，故称作“虎斑心”。

3.2.3　治疗与控制

养殖户确定肉牛患口蹄疫后，应第一时间将病牛隔离，因该病具有较强的传染性，且容易人畜共患，需要在地方兽医部门的指挥下，做好就地封锁工作。病牛之前接触过的料槽、水槽等器具，剩余的饲草、饲料以及牛舍内部都要使用2%苛性钠进行喷雾消毒。如果是连片的养殖区，周边的养殖场也要做好疫苗接种。病牛可以使用口蹄疫高免血清进行皮下注射，用量为每千克体重1 mL。另外，根据病变部位不同，口腔病变可以使用0.5%高锰酸钾溶液清洗溃烂部位；蹄部病变可以使用3%来苏儿清洗。然后用干净纱布包扎，约7 d后恢复。

在畜牧养殖业中，口蹄疫作为一种严重的传染性疾病，一直被畜牧养殖工作者所关注，该疫病会严重影响畜产品产量，一旦发生若没有及时控制，就会造成牛群的大面积感染。在规模化肉牛养殖中，牛群规模较大，更要做好对口蹄疫病的防治工作，这样才能确保养殖企业的稳定发展，避免疫病给企业带来经营风险。

由于牛口蹄疫具有长达7～10 d的潜伏期，感染后的1周内并无明显症状表现，所以多在感染疫病1周后才能进行诊断。当肉牛感染口蹄疫1周后，其体温会出现明显的上升，通常情况下，可上升至40～41 ℃。另外，观察病牛的行为也能发现异常，如食欲不振、精神萎靡、口吐白沫等症状。在对病死牛的尸检中还可以发现，其咽喉、胃都会存在水疱，同时有明显的溃烂，解剖病牛的心脏可以发现心包有大量的黏液。可以通过观察肉牛是否存在上述症状来进行初步诊断，再结合病理化验来进行疫病的最终诊断。口蹄疫的发生会严重损害肉牛健康，如果及时发现并给予相应的治疗与护理，病牛可以在7～10 d内完全康复。一些病情较严重的个体的康复速度较慢，可能需要20～25 d才能康复。如果在肉牛养殖工作中，没有重视对口蹄疫的治疗，很可能造成病牛的死亡。

3.3 牛结核病

牛结核病是一种由牛型结核分枝杆菌引起的以组织器官的结节性肉芽肿和干酪样坏死为特征的人兽共患慢性传染病，我国将其列为二类动物疫病，世界动物卫生组织（OIE）将其列为B类疫病。牛的结核病严重影响肉牛、奶牛、水牛和牦牛等畜牧产业的健康发展，给养牛农牧民和消费者的身体健康带来很大的危害。有效遏制牛结核病疫源的扩散，对保障肉牛的健康养殖和人民群众的身体健康意义重大。

3.3.1 病原

牛型结核分枝杆菌是其病原。该病菌不会形成芽孢，无荚膜，也无法自行运动。采取常用的染色法着色较难，通常采取萋-尼氏抗酸染色法进行染色，经过革兰氏染色呈阳性。该菌属于专性需氧菌，具有严格的营养要求，适宜生长的pH范围一般为5.9～6.9，在培养基上缓慢生长。如接种固体培养基需要经过约3周才开始生长。病菌具有较强的抵抗外界环境的能力，具有非常强的耐受湿冷、干燥、腐败的环境的能力。病菌在干燥的痰液里（没有经受日光照射）能够生存10个月，在尘埃中能够生存2～7个月，在乳中能够生存3个月，在水中能够存活5个月，在土壤和粪便中能够生存6～7个月，在污水中能够保持11～15个月具有活力。该病菌对热比较敏感，在阳光下直接照射经过2～4 h就能够死亡；在干燥、100 ℃的高温下只需要30 min就能够被灭活；其具有较弱的抵抗湿热环境的能力，在湿热、60 ℃的温度下只需要30 min就能够被杀死，因此巴氏消毒即可杀灭乳制品中的结核杆菌。使用季铵盐类消毒剂、有机酸、无机酸和碱性物质无法杀死病菌，但使用70%乙醇、10%氯亚明以及10%漂白粉就能够将其快速杀死，另外碘化物也具有较好的消毒效果。结核杆菌对青霉素、磺胺类药物以及其他广谱抗生素不敏感，但对异烟肼、链霉素、环丝氨酸和对氨基水杨酸等比较敏感，特别是对左氧氟沙星非常敏感。此外，黄芩、百部、白芨等中草药也具有较好的抑菌效果。

3.3.2 临床表现

1. 肺结核

发病初期，病牛出现短促干咳，随着病情的发展转变成湿咳，咳嗽加剧，更加频繁，并流出淡黄色黏液或脓性鼻液，甚至出现呼吸困难。食欲减退，逐渐消瘦，贫血，体表淋巴结发生肿大，但体温基本正常或者略有升高。最终由于心力衰竭而死亡。

2. 淋巴结核

淋巴结核通常在病牛的体表发生病变，局部发生硬肿变形，偶尔会发生破溃，形成较难愈合的溃疡，往往是颌下、肩前、腹股沟、股前、咽以及颈淋巴结等发生病变。

3. 乳房结核

母牛患病后会表现出乳房淋巴结肿大，往往是后方乳腺区形成结核。乳房表面存在凹凸不平、不同大小的硬结，乳房明显硬肿，泌乳量减少，且乳汁变得稀薄，混杂一定的脓块，症状严重时甚至停止泌乳。

4. 肠结核

肠结核通常是犊牛容易发生，表现出消化不良，食欲减退，交替发生下痢和便秘，接着发展成顽固性下痢，快速消瘦。如果病变扩散至腹腔组织器官（如肝脏、肠系膜淋巴结等）时，需要经过直肠检查才能够辨认。

5. 神经结核

当病菌侵害牛的中枢神经系统时，可在脑和脑膜等部位引发粟粒状或干酪样结核，表现出明显的临床症状，如运动障碍、癫痫样发作等。

3.3.3 病理变化

本病的典型病变是在病菌侵害的组织和器官上形成特异性结核结节，如乳房、肺脏以及胃肠黏膜等处。结节通常呈灰白色或者黄白色的半透明状，质地比较坚硬，往往散布，在胸膜和肺膜处的部分结节会彼此融合形成较大的密集集合性结节，大小不同，从粟粒到豌豆状大小，如同珍珠。病程较长时，会导致结节中心切面发生钙化或者干酪样坏死，有时坏死组织会发生溶解和软化，从而形成空洞和脓肿。对结节病灶进行组织病理学检查，能够发现大量的结核分枝杆菌。

3.3.4 防控措施

1. 免疫预防

为有效预防牛结核病，我国科研人员始终不断努力研制相关疫苗。目前，已研制出的可用于牛分枝杆菌感染的疫苗为卡介苗（BCG），但其免疫效果会受到多种因素的影响。尽管也有大量其他种类的疫苗依旧处于研究阶段，但尚未发现任何一种疫苗的保护效力优于 BCG。据报道，BCG 能够在一定程度上防止牛群中发生该病，抑制传播，但是还没有确实的证据表明其能够持续进行保护。BCG 有可能会在一定程度上影响结核菌素的免疫学检测，因此官方机构尚未提出牛结核病免疫方面的相关政策。尽管如此，世界各国始终在研究牛结核病疫苗。还有报道指出，新生犊牛在使用 BCG 进行首次免疫后还可使用亚单位疫苗进行二免，使用 DNA 疫苗进行加强免疫。

2. 及时隔离

对受到威胁的牛群可采用相应的方式进行隔离，如圈养和固定牧场放牧。注意不能选择在人畜密集地区（如居民点、交通要道等）的牧场采取隔离饲养，且最好在隔离场四周设有天然屏障，如树木或人工栅栏等。

（1）彻底消毒　对被病牛和阳性牛污染的牛舍、饲养用具等采取严格消毒，一般对场地、圈舍、车辆等使用 2% 氢氧化钠进行消毒，对饲养场的金属设备和设施采取火焰、熏蒸等方式进行消毒，对被病牛污染的垫料和饲料要采取深埋发酵或者焚烧的方式进行处理，对病牛粪便要采取堆积密封发酵的方式进行处理。

（2）净化污染牛群　经过多次检疫始终检出阳性牛只的牛群可判定为污染牛群，对于这种牛群，每年至少要采取 4 次检疫，且及时将检出的可疑牛只和阳性牛只采取分群隔离，组成可疑牛群和阳性牛群。牛群中剔除可疑牛只和阳性牛只后，要每间隔 1～1.5 个月进行 1 次检疫，连续 3 次检疫结果均呈阴性的牛只可判定为健康牛只，方可放入假定健康的牛群进行饲养。通常不治疗阳性牛只，要立即扑杀，并进行无害化处理；对于可疑病牛，必须加强监控，采取隔离饲养观察，通常经复检进行确诊，且要严格遵守国家有关规定对可疑病牛在隔离期间分泌的乳汁进行无害化处理。假定健康牛群不会出现阳性牛只时，在之后的 1～1.5 年进行 3 次检疫，结果全部呈阴性，则可判定为健康牛群。犊牛群应于出生后 1 个月、4 个月和 6 个月分别检疫 1 次。

3.4 炭疽

3.4.1 病原

牛炭疽是一种由牛炭疽芽孢杆菌导致的疾病，为严重的人兽共患病，被 OIE 列为 A 类传染病，在我国也被列为一类疫病。炭疽杆菌是一种菌体体积较大的革兰氏阳性杆菌，由 Robert Koch 在 1877 年首次发现。在营养丰富的培养基上长成链状的紧密包裹的杆菌（卷发样），而在牛体内生长成末端钝圆或杆状，外部形成良好的包囊样外膜。该细菌会在 15～40 ℃的有氧环境中形成芽孢，这种芽孢可以抵御极强的紫外线、高温等恶劣环境，在低温的土壤中可以存活数十年之久，在外界环境条件合适时这些芽孢又会活跃起来，重新感染动物。因此，本病在某些国家和地区会呈散发样出现，一些死亡动物污染的土壤是重要的感染源。

易感牛只在被污染的草场上放牧时，一旦通过土壤或植物接触该细菌，芽孢就会在体内被激活，侵袭口腔黏膜和消化道形成局部水肿，随后在淋巴系统定植并最终导致菌血症。被感染牛只的皮毛、肌肉和骨骼均可能被该细菌污染，并可能通过多种途径传播和感染人。

3.4.2 临床表现

超急性炭疽杆菌感染会导致病牛急性猝死，并与其他导致猝死类的问题相混淆，如致死性内出血、梭菌性肌炎、胀气或急性代谢障碍等。急性炭疽感染的病死牛常见血斑或暗红色-黑色血从身体各个孔洞中流出。

急性炭疽感染导致发热、食欲废绝、精神沉郁、机体各种分泌物中均带血、心动过速、呼吸困难，甚至会出现神经症状。除非在非常早期发现，并进行大量治疗，否则大部分动物很快会躺卧不起，并在 1～2 d 内死亡。需要注意的是，在确诊前，严禁剖检或宰杀高度怀疑感染的动物。

局部性炭疽感染在牛身上并不常见，并且难以诊断。如果在有炭疽流行史的牧场或地区发现动物出现类似的皮肤表现，应高度怀疑是炭疽，并立即上报政府主管部门进行检测。

3.4.3 诊断

可以从感染动物或新死亡动物的尸体上采集颈静脉或腹下静脉血送检，一定避免采集组织样品送检。已经腐败或死亡超过 12 h 的动物尸体，很难通过采样培养检测的方法来诊断。

样品应送至有国家认证资质的机构进行检测，以确保结果准确和人员安全，实验室通常会采用 ELISA 方法对其进行检测。

3.4.4 治疗

由于此病的大部分均为急性和超急性过程，基本不存在治疗的选项。如果可以在非常早期发现和怀疑此病，或怀疑动物有可能局部皮肤被炭疽感染，可以给动物注射大剂量的青霉素或四环素进行治疗控制。

3.4.5 预防控制

(1)由于本病的严重性和人兽共患特点，在防控时最重要的是避免人的感染。

(2)炭疽疫区的牛群每年要做好疫苗免疫工作。

(3)一旦发现可疑病例，应立刻禁止人员接触局部环境，并立即上报政府主管部门。

(4)不明原因突然死亡的动物严禁解剖、宰杀、食用和售卖。

(5)确诊炭疽的病例需配合政府动物疫控部门对牛群及其所在地区进行风险评估和环境处置。

3.5 牛结节性皮肤病

3.5.1 病原

牛结节性皮肤病(lumpy skin disease, LSD)，又称牛结节疹，病原为痘病毒科山羊痘病毒属的牛结节性皮肤病病毒(lumpy skin disease virus, LSDV)，与绵羊痘和山羊痘病毒高度同源。本病毒仅感染家牛和水牛，并非人兽共患病。目前牛结节性皮肤病病毒主要流行于非洲大部分国家、中东部分地区及土耳其，近年来已开始向亚洲多个国家传播。2019 年，LSD 首次传入我国新疆伊犁，随后传入其他多个省份。2020—2022 年，南亚和东南亚的多个国家也报告了 LSD 疫情。

为应对疫情、保障肉牛业的健康发展，我国农业农村部在 2020 年印发了《牛结节性皮肤病防治技术规范》。目前，我国对牛结节性皮肤病暂时按照二类动物疫病进行进口管理。

3.5.2 临床表现与传播方式

患牛初期可出现高热(可能超过 41 ℃)、沉郁、厌食、消瘦、鼻窦炎、结膜炎、多涎、浅表淋巴结肿大，泌乳母牛可出现产奶量下降；在高热发作的 48 h 内，患牛头颈部、四肢、乳房、外生殖器和会阴部会出现直径 2～5 cm 的皮肤结节(图 3-1)。结节通常为圆形、坚硬，包括皮肤、皮下组织，有时会涉及皮下的肌肉组织。较大的结节可坏死、纤维化并持续数月，瘢痕可能永久存在；小结节可能自行消退。皮肤结节可能继发蝇蛆病。口部、消化道和呼吸道可能发生水泡、糜烂和溃疡。四肢和身体腹侧区域如垂肉、胸部、阴囊和外阴可能出现水肿，导致患牛不愿运动。公牛可能出现暂时性或永久性不育，母牛可能流产或数月不发情。症状严重的患牛恢复较慢，主要是由于消瘦、继发性肺炎、乳腺炎和皮肤坏死灶易受蝇蛆叮扰，从而给肉牛养殖业带来较大的经济损失。

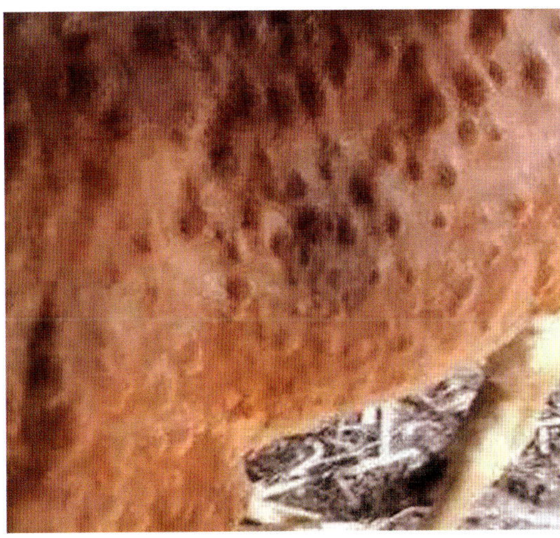

图 3-1　牛结节性皮肤病(李靖　供图)

LSDV 主要通过吸血节肢动物媒介(蚊、蝇、虻、蠓、蜱)传播，其他传播方式如直接接触、采食被污染的水源或饲料、精液传播、共用针头传播该病毒的效率较低。感染后潜伏期约为 28 d，发病率为 5%～45%，病死率小于 10%，皮肤结节和结痂中含有大量 LSDV。

3.5.3　诊断

牛结节性皮肤病的症状可与其他皮肤病如牛疱疹性乳头炎、丘疹性口炎、荨麻疹、嗜皮菌病等有相似之处，需进行鉴别诊断。采集皮肤结节、结痂、唾液、鼻分泌物和血液进行聚合酶链式反应(PCR)可快速探测 LSDV；随后进行病毒分离可进一步确认 PCR 报告结果。病毒分离鉴定工作应在中国动物卫生与流行病学中心(国家外来动物疫病研究中心)或农业农村部指定的实验室进行。

任何单位和个人发现牛出现疑似牛结节性皮肤病症状，应立即向所在地畜牧兽医主管部门、动物卫生监督机构或动物疫病预防控制机构报告，有关单位接到报告后应立即按规定通报信息，按照“可疑疫情—疑似疫情—确诊疫情”的程序认定疫情。

3.5.4　治疗与预防

目前并无治疗牛结节性皮肤病的特异药物，及早发现和处置是控制疫情的关键。可疑病例应被隔离、监视，并停止牛只移动。调查确诊病例后，划定疫点、疫区和受威胁区，疫点内所有病原学阳性牛应被扑杀并进行无害化处理，同群阴性牛应隔离饲养，控制吸血虫媒，鼓励提前出栏屠宰。

疫情所在县和相邻县可采用国家批准的山羊痘疫苗(按照山羊的 5 倍剂量)对全部牛只进行紧急免疫。

3.6 寄生虫病

寄生虫是一类古老而神奇的生物,从远古时代至今一直以相似的生活方式存在于自然界中。自人类文明起源以来,也一直以各种方式出现在人类生活的方方面面。近代科学兴起之后,人们才真正对寄生虫有了科学系统的整体认知。与共生生物不同,寄生生物往往会伤害宿主,要么以宿主为食,要么与宿主争夺营养。有的寄生虫还会与其他生物相互作用,它们还很容易充当各种病原的传播媒介。

寄生虫病是肉牛常见的且最为多发的疾病之一。其在肉牛体内会影响其消化功能,加速营养物质的消耗并影响其吸收,导致肉牛营养水平下降和生产性能降低。此外,寄生虫病还会在牛群,甚至人畜间广泛传播,造成更加严重的后果。寄生虫是影响肉牛养殖经济效益最重要的因素之一,需要给予高度重视。加大对寄生虫的防控力度,改进控制寄生虫的理念及措施,对生产水平提高及行业健康发展具有重要意义。

3.6.1 寄生虫疾病特点及现状

寄生虫的感染及流行呈现明显的区域性、季节性特点、通常降水、气温是主要相关因素。更温暖、湿润的地区及季节,寄生虫感染水平和强度通常会更高,而寒冷、干燥的环境通常不利于寄生虫的感染及传播。

我国各地的肉牛养殖场普遍存在寄生虫感染的问题,但实际进行虫卵或卵囊检测时获得的感染率数据差异很大,阳性率为 10%～100%。究其原因,虫卵检测的准确率受到人为、感染水平、环境、寄生虫种类等诸多因素的影响,很容易出现存在感染但未检出虫卵的情况。实际上,在肉牛养殖的过程中,所有的牛只都会不同程度地存在寄生虫感染问题,只是由于感染水平、感染寄生虫的种类和牛的免疫力差异等,其会呈现不同的临床或亚临床症状。

畜牧业中寄生虫病的防控历史可分为不治疗、治愈性治疗、系统治疗以及合理治疗等几个阶段。我国目前对于肉牛寄生虫病的防控主要处于系统治疗阶段,因为目前养殖企业可以比较方便地选购到各种驱虫药,并且价格并不高。随着肉牛养殖业的规模化和养殖场企业对养殖效益的关注,肉牛寄生虫病的防控正在朝着合理治疗的方向发展。更多的养殖企业开始关注驱虫方案的投资回报问题。

3.6.2 寄生虫病的影响与危害

寄生虫感染通常来说会产生临床和亚临床两个方面的影响。在临床影响方面,寄生虫感染直接影响肉牛的呼吸功能、消化功能,造成神经系统和皮肤系统损伤等。在亚临床影响方面,寄生虫感染会降低肉牛免疫力,额外消耗更多的能量,降低肉牛生长性能和繁殖性能等。

大部分寄生虫不会引起牛只死亡以及明显的临床反应,但会影响牛只的生产性能。对于饲养者而言,寄生虫病防治是保证生产性能和经济效益的关键;对于社会而言,则涉及畜产品供应下降以及公众对动物福利的担忧。

寄生虫疾病对肉牛养殖业者造成的经济影响包括 6 个方面：①病牛的直接死亡。②饲料的严重浪费，进而降低牛群的生产性能。③犊牛生长发育迟缓，影响后续生产性能。④影响种牛的繁殖机能，造成繁殖性能下降。⑤降低肉牛免疫能力，诱发各种疾病，表观可见损失增加。⑥影响牛肉的质量和数量，造成产品废弃和效益下降。

寄生虫感染对于牛只造成的影响主要是两个方面：一是掠夺牛体内的营养，二是伤害牛体和导致疾病发生。在掠夺营养物质方面，寄生虫需要从寄主身上获得营养才能生存繁殖，肉牛如果患上寄生虫病，会因体内的营养物质流失而营养不良，甚至引起慢性消耗性疾病或死亡。尤其在冬、春季节，由于气候寒冷再加上养殖区内牧草营养不足，肉牛感染体内寄生虫后就会因营养不良而死亡，给养殖企业造成巨大的经济损失。在伤害牛体和导致疾病发生方面：寄生虫会造成牛体的机械性损伤，以血矛线虫为例，它在牛体内会吸附在肠胃壁内，造成牛的肠胃壁损伤甚至发炎，严重的也会导致死亡；寄生虫在牛体内的代谢物是某种毒素，例如，血吸虫的虫卵含有虫卵毒素，在牛的肠壁上容易引起肠道发炎；有些寄生虫会引起牛皮肤损伤或黏膜脱落，降低其自身抵抗力和免疫力，给其他病菌侵入牛体内的机会，使牛受到、病菌感染的机会增加。寄生虫本身在牛体内不仅会严重影响动物的身体健康，还会携带其他病菌而传播疾病，如某些寄生虫在肉牛体内携带的病菌还会在人和牛之间传播，影响人类的身体健康。

随着国内人民生活水平的不断提高，对牛肉的需求量逐年升高，提高肉牛生产水平非常重要。在影响肉牛遗传潜力发挥的饲料、设施、管理、健康以及寄生虫等五大限制因素中，最亟须改进的环节就是寄生虫病防控。由于肉牛感染寄生虫严重影响牛肉产量，导致牛肉品质下降，因而加强肉牛寄生虫疾病的控制，也是为人类提供更多更优的牛肉产品的长远之策。

3.6.3 寄生虫的分类及特征

与肉牛相关的寄生虫的种类众多(仅常见的线虫就有 51 种之多)，根据感染部位的不同，通常将其分为体外和体内寄生虫。其中，体内寄生虫包括线虫、吸虫、绦虫、原虫和血液寄生虫。不同的体内寄生虫可能会出现在牛的各个部位，比如胃肠道、肌肉、肺、肝、脑和脊髓等，对牛造成的伤害程度也不一样。寄生于体外(主要是皮肤)的常见寄生虫有跳蚤、虱子、螨虫等，另外一些特定的昆虫如蚊子、蜱虫、西方角蝇，它们会叮咬牛的皮肤并吸血，而牛皮蝇的幼虫寄生在牛的皮下。在不同地区和不同饲养模式下，在肉牛体内体外流行的寄生虫均有不同。寄生虫种类众多，表观特征、生活习性及控制方法均有所不同，需要分类处理。

虽然寄生虫类型五花八门，其形态大小、寿命、生长发育的环境、感染动物的时期和方式不同，但是大致都会经历“虫卵→幼虫→成虫”等几个过程。俗话说“病从口入”，如果牛摄入了被虫卵或幼虫污染的饲草、虫体、螺、粪便和饮水，或者直接被一些带有寄生虫的昆虫叮咬，都有可能感染寄生虫。这些被感染的牛又可以成为寄生虫的“温床”，排出寄生虫的后代，形成“恶性循环”。怀孕母牛也可能把一些寄生虫传递给胎儿。有时其他动物，如饲养的犬、猫或养殖场的鼠类，也可能会参与寄生虫的传播。有的人习惯将废弃生肉、内脏或胎盘喂给养殖场附近的其他动物食用，这时如果其他动物食入了被寄生虫感染的食物，它们排出的粪便可能也会污染牛的生活环境，或被牛误食，形成恶性循环。

以下简单介绍几种常见牛体内线虫及体外寄生虫及其生命周期和诊断方案。

1. 筒线虫

筒线虫是一类寄生在反刍动物食道黏膜与瘤胃中的寄生虫。人们在近一百多年间逐渐发现并了解了筒线虫，至今已知筒线虫属下有 38 种不同的筒线虫。其中美丽筒线虫还可以感染人类上段食道并引发相关临床症状，但相关病例十分罕见，我国自 1955 年至今也仅报道百余个病例。牛感染筒线虫后通常很难被注意到，大多数情况下都是在死后剖检时才被发现。

筒线虫的生命周期类似于其他的线虫，被感染动物在排便时会将虫卵排入环境之中。各种粪居昆虫作为中间宿主，在食入被虫卵感染的粪便之后，虫卵在昆虫体内孵化为第 1 阶段幼虫，直至发育成具有感染性的第 3 阶段幼虫 L3。当牛再次吃下被感染的昆虫时，虫体内具有感染性的 L3 幼虫会在胃或小肠中被释放，然后再移行到牛的食道黏膜层中定居，直到性成熟并再次产卵，开始下一个生命周期的循环。筒线虫的这一整个生命周期为 56 d 左右。

筒线虫是一种致病性较小的线虫。在牛体内定居的地方呈现“之”字形。有时候感染会在食管腔内形成结节，导致病牛反刍和吞咽困难。虫体可在黏膜及黏膜下层自由移动，寄生部位会有小疱或白色线状隆起，造成黏膜溃疡，引发炎症反应，嗜酸性粒细胞增多。

尽管筒线虫通常只能在尸体剖检中被发现，但是病牛出现明显的线虫感染症状时也可以将其列为怀疑病例。虫卵有厚壳，半透明椭圆形，可以收集粪便通过漂浮法检测到。

2. 仰口线虫

仰口线虫病，又称钩虫病，通常是指由牛仰口线虫（*Bunostomum phlebotomum*）引起的寄生虫病。这类寄生虫的特征是具有较大的颊囊，前端弯曲如钩，类似钩子的外观也给了它“钩虫”的俗名。这种虫在全球范围都有分布。在我国大部分温带气候环境下，仰口线虫感染的比例通常不是很高，但在热带气候环境下，感染比例往往很高。

仰口线虫的成虫主要定居于小肠的空肠和回肠段。雌虫在交配后产卵，这些虫卵随着粪便一同排出，在适宜的环境温度和湿度下很快孵化出第 1 阶段的幼虫 L1。随后发育成第 2 阶段和 L3 的幼虫，此时的幼虫已经具有侵袭能力。幼虫侵入牛体的方式有 2 种：第一种是直接钻入皮肤，第二种是随着饲料或饮水等方式通过口腔进入消化道。在第一种情况下，幼虫随着血液循环迁移到气管、肺部等脏器，此时已经是第 4 阶段的幼虫 L4 最终进入小肠并完成发育。在第二种情况下，幼虫根本不需要再次迁移，直接在肠道内完成发育为成虫的过程。根据不同感染途径，整个生命循环周期为 28～56 d。

仰口线虫的致病机制主要来自幼体和成虫的高度噬血性。100～500 条虫的感染量可导致贫血，如果感染虫量达到 2 000 条，被感染的动物就可能会死亡。其他的临床症状还包括食欲减退、腹泻、进行性消瘦等。在比较严重的感染病例中，贫血和低蛋白血症还会导致颌下水肿等症状。尸检可见胸腔积液、心包积液和腹水。可以发现出血性肠内容物，肠黏膜增厚，出现大量溃疡并有黏液，这些是由线虫颊囊活动所致。

基于流行病学和临床症状的仰口线虫诊断效果往往不理想，因为贫血和腹泻不是钩虫病的特异性症状。相对而言，通过鉴定虫卵漂浮法获得的虫卵是比较有诊断价值的，因为这种虫卵相对更圆，含有少于 16 个卵裂球。然而，如果想准确地确定该属寄生虫，还需要采用粪便培养来确定 L3 幼虫的形态。

3. 网尾线虫（肺线虫）

网尾线虫属的寄生虫通常会寄生在宿主的气管和支气管中，因此也常被称为“肺线虫”。其中，牛胎生网尾线虫是最常见的感染牛的肺线虫，经常导致牛的寄生性支气管炎或寄生性支气管肺炎。

肺线虫的成虫寄生于上呼吸道。交配后，雌虫产卵，L1 在卵内已经发育完成，产卵后会立即孵化出 L1 期幼虫，并移行到喉部，或被咳出，或被吞咽随着宿主的粪便传播。在外界，L1 幼虫逐步发育到 L3，在牛粪中真菌的帮助下加速传播。当真菌孢子囊破裂时，幼虫会随之被带到远方，造成更广泛的传播，被其他动物摄入感染。当反刍动物进食牧草时，幼虫被吞入，穿透肠壁，然后在肠系膜淋巴结中继续发育到 L4 阶段幼虫，之后通过血液或淋巴途径到达毛细支气管及肺泡，并在那里完成最后一次蜕变，最终发育为成虫，进入呼吸道，整个生命周期约为 4 周。

肺线虫的致病性在很大程度上取决于寄生虫所处的发育阶段和寄生虫感染量。其主要危害来自机械性刺激和抗原超敏反应。在第 1 阶段幼虫期，幼虫侵入肠系膜淋巴结时几乎不引起任何特征性变化。之后，幼虫会迁移至细支气管和支气管，未发育完成的幼虫会在此滞留。幼虫和未完全发育的成虫都具有造成创伤和刺激的能力，可引起局部出血和肉芽肿等症状。

成虫在支气管和气管中寄居，被白色泡沫状黏液包围，刺激支气管黏膜，同时起机械阻塞作用，使肺尾侧出现肺不张，肺头侧出现肺气肿。如果没有及时对动物进行治疗，致病作用可能会增强，导致间质性肺炎，其特征在于肺间质中单核炎性细胞浸润和Ⅱ型肺细胞增生。

肺线虫造成的临床表现差异很大，范围从仅咳嗽，到呼吸频率加快，呼吸困难。大部分受影响的动物会出现剧烈的咳嗽、流涎、厌食，有时还会发烧。听诊时，可听到由代偿性肺气肿引起的肺背区域的捻发音。肺部头侧肺气肿，导致肺容积增加，从而使肺部扩张，表面光滑。此外，还可以看到肺不张(尾侧区域)，其特征是肺部凹陷、发红和实变。气管和支气管的纵向开口存在大量的黏性、泡沫状和脓性的黏液，可在其中发现肺线虫成虫。显微镜检查显示支气管黏膜增生，并有黏膜下层上皮脱离和淋巴细胞、嗜酸性粒细胞和纤维蛋白沉积。这些病变很像慢性卡他性气管支气管炎的特征。

诊断时需要综合临床和流行病学调查结果综合，应考虑体征强度、季节性等因素。幼虫会存在于痰和粪便中，粪检中也可以发现 L1。幼虫需要与原圆线虫或营自由生活的线虫加以鉴别和区分。牛肺线虫(牛胎生网尾线虫)的 L1 头端是圆形的，没有头钮，大于原圆线虫。此外，胃肠道中食糜颗粒的存在使它们比原圆线虫颜色更深。

4. 螨虫

螨虫通常是指包括疥螨、蠕形螨、痒螨、足螨等在内的会造成动物皮肤问题的一系列寄生虫。除了蠕形螨呈细长形以外，其他种类的螨虫都呈圆形。不同螨虫感染会由于虫子对动物不同部位的偏好而有所区别。

(1)疥螨　疥螨是一种具有高度传染性的寄生虫。感染牛的疥螨通常和寄生于其他家畜身上的疥螨为同一物种，但是每种动物都有特定适应的螨虫种群，所以不同种类的疥螨有时被称为亚种，例如，牛疥螨、绵羊疥螨、山羊疥螨等。尽管如此，对于感染疥螨的动物都应该谨慎处理，因为大多疥螨都可以传染给人类(属人兽共患病)。不过，即使发生这种情况，持续时间通常也仅几周。

疥疮是动物感染疥螨后常见的临床表现，可见动物被毛质量差，面部或腹部有结痂，伴有强烈的瘙痒，一些发生疥疮的动物甚至可以死亡。

疥螨的不同生长阶段都在动物的皮肤中完成，主要寄生在皮肤角质层，在此发育成熟并产卵。疥螨的整个生命周期始于虫卵，成虫在宿主皮肤中挖洞并将卵产在洞中，因此也叫“掘洞螨”。幼虫从卵中孵化并进行一次蜕皮，发育成为第一阶段若虫。若虫再次进行蜕皮，发育成第二阶段若虫，并最终发育为成虫(分为雄性和雌性)。疥螨通常需要 10～15 d 完成一个生命周期。

动物之间的直接接触可以导致非常高效的传染。这是因为:①除了虫卵以外阶段的疥螨通常会移动到表皮去蜕皮、交配或产卵;②疥螨可以在动物体外单独存活长达 3 周;③传染形式为接触垫(卧)床、栅栏、料槽或任何其他可被螨虫当作传播媒介的物体。

疥螨感染对牛的影响主要有两种机制:第一种,不同阶段的螨虫会造成动物创伤性伤害,有时会导致继发性细菌感染。第二种,螨虫还是一种可以引发牛的超敏反应进而造成伤害的抗原。

对于牛来说,疥螨感染的第一个病灶可能始于大腿内侧、腹侧颈部或尾根,可能扩散到整个身体。体质较差的牛感染螨虫可能导致较严重的症状,体重减轻、厌食、虚弱甚至死亡。组织学上,疥螨感染通常可见表皮的棘皮病、过度角化和海绵化,有时可以观察到螨虫的不同发育阶段。真皮中可见嗜酸性粒细胞、中性粒细胞和淋巴细胞浸润。

通常需要根据特征性病变、瘙痒以及病变周围或结痂刮取样本中检测到的螨虫的情况来进行诊断。损伤通常最先出现在牛的面部,后续可以扩散到四肢,或依病情可能扩散至全身。皮肤结痂和激烈蹭痒同样有助于识别疥螨。

尽管实验室检测有时可能会检测不到螨虫,但还是建议通过观察病灶或结痂样本中的螨虫进行诊断。通常会在病灶周围涂抹凡士林,并深度刮取皮屑样本,在 100 倍显微镜下观察。螨虫呈球形,腿很短,背部有"鬃毛",一些虫腿的末端有吸盘。近来,ELISA 诊断技术已经被开发出来用于检测动物体内是否存在相关寄生虫抗体进而诊断寄生虫感染。

(2)痒螨　痒螨通常会导致严重的疥疮,有些种类的痒螨还会感染动物耳部引发"耳郭癣"。牛的痒螨感染通常也由这种螨虫引起。痒螨在全球都有分布,易感性与动物的年龄、性别无关。就季节性而言,通常在秋、冬季节更为常见。

痒螨的传播途径主要是动物之间的接触性传播。痒螨是一种穴居螨,以动物皮肤分泌物和渗出物为食,在感染处会造成轻微损伤。还以细菌或皮肤碎片为食,还会吸食血液。雌性痒螨在动物受损伤区域的边缘产卵,幼虫孵化出来蜕皮成为若虫,最后发育为成虫。在最佳湿度和温度条件下,整个生命周期约 10～12 d。某些阶段的螨虫离开宿主可存活 2～3 周,因此在治疗和预防新发感染时必须考虑到这一点。因为螨的最佳生存条件为低温和潮湿环境,所以在秋季和冬季通常会暴发感染。在夏季,部分螨虫也可以在动物的阴囊、会阴区、腹股沟、眼窝和耳部等部位存活,有时也可以在指间隙或角根部存活。

痒螨的致病性主要在于其摄食形式,会造成轻度的皮肤损伤。在摄食过程中,它还能分泌能够引起高度瘙痒性过敏反应的蛋白酶。痒螨会摄食这些病变处的组织渗出物,渗出物最终会形成特征性结痂。受影响区域还出现瘙痒,并伴有红斑,最终发展成脓疱,聚集破裂,从而导致结痂和脱毛。螨虫在病变的周围区域更活跃,并从这里开始扩散。痒螨的感染通常都伴随着体重减轻和生产性能的降低。

对于牛来说,痒螨的感染通常是"绵羊痒螨"感染。虽然称为"绵羊痒螨",这种螨虫却更容易感染牛。病变通常位于颈部、肩部以及尾根部,病变特征为脱毛,伴有渗出物,最终形成棕色结痂,同时伴随剧烈瘙痒。在严重病例中常见继发性细菌感染,可导致犊牛死亡,病牛体重减轻、产奶量减少、对其他疾病的敏感性增加。

痒螨的诊断通常需要观察螨虫偏爱部位(背侧,耳后等)是否有病变,同时寻找和鉴定螨虫。鉴定方法通常为镜检皮肤刮片。痒螨的特征包括长腿和头部突起,腿的末端是刚毛或吸盘,有 3 个关节,这也是区分形态相似的痒螨与足螨的方式。

(3)足螨 足螨又称尾螨或腿螨,感染反刍动物的通常为“牛足螨”,牛和绵羊对这种螨虫更易感。主要感染部位是动物的后躯及肢蹄。

足螨的生命周期与痒螨相似,一个周期在3周左右,包括卵、幼虫、若虫和成虫等阶段。足螨在皮肤的更表层寄生,并通过直接接触或被足螨污染的其他物体在动物之间传播。足螨可以在宿主体外长期存活,湿度和温度对足螨的数量及其发育有重要影响,这也是为什么足螨在秋冬舍饲更为常见,而在室外放牧季节较少。在螨虫活动减少的月份中,它会定居在动物后肢(尤其是冠状带)和阴囊上。

足螨会在皮肤上引起小的浅表性病变。与其他螨虫类似,其唾液分泌物和排泄物会引起过敏性和渗出性皮炎,引起动物剧烈瘙痒。

病变初期会形成有浆液内容物的小结节,之后会与毛发聚集在一起形成淡黄色的结痂,最后可能观察到皮肤褶皱和增厚等现象,但是不是所有患病动物都有类似症状。牛的病变通常位于会阴、乳房、臀部和尾部周围,以及冠状带和口鼻部。

与所有其他类型的螨虫一样,足螨的诊断也是基于在病变处刮取的皮屑中观察到虫体。足螨的形态与痒螨相似,但足螨有更圆的头端和通过简单的蒂附着在虫体上的足部吸盘。

5.蜱虫

蜱虫通常包括硬蜱(硬蜱科)和软蜱(隐喙蜱科)两大类。对于反刍动物来说,硬蜱感染更为重要,因为它们可传播许多疾病。所涉及的主要属有革蜱属、硬蜱属、钝眼蜱属、血蜱属、璃眼蜱属和扇头蜱属。

它们是许多重要疾病的传播媒介,有时也会影响人类健康。众所周知,蜱虫感染在温暖的季节(从春季至秋季)更常见,在寒冷的月份较少。同样,它们传播的疾病往往具有季节性特征,尽管一些病原体可能会留在被感染动物的机体中,并在其他时间引发疾病(如巴贝斯属)。

蜱虫的生命周期在宿主和外部环境中共同完成。它们通常会经历四个生命阶段:卵、幼虫、若虫和成虫。在交配和摄取足够的营养物质后,蜱虫的雌虫会脱离寄主,落到环境中产卵。雌虫通常会到有一定湿度的背阴场所产卵,每次只产一批卵(数千枚),然后死亡。蜱虫幼虫有三组腿,其从卵中孵化后通过哈勒氏器寻找宿主来进行觅食。它们可以寄生在爬行动物、鸟类或哺乳动物身上。一旦吞食了血液,幼虫就会蜕皮,发育成体型更大的若虫。它们在蜕皮为成虫之前也需要摄取血液。

自然界中蜱虫的致病作用有多种:①蜱虫在附着部位造成直接损伤,损伤部位形成小的脓肿,可能会因脱发、细菌感染和蝇蛆感染而引发更多更复杂的问题。②一些蜱虫的唾液成分具有毒性,导致受感染动物瘫痪(例如澳大利亚的全环硬蜱、欧洲的篦子硬蜱和刻点血蜱)。③大量蜱虫寄生可能导致动物贫血,尤其是雌虫寄生,由各阶段蜱虫的吸血导致。④蜱虫还是其他疾病传播的媒介(表3-1)。

蜱虫的诊断比较简单,通过在宿主牛皮肤表面寻找不同阶段的蜱虫即可(包括成虫、幼虫或若虫)。一般来说,考虑到蜱虫的大小,找到虫体蜱虫并不复杂,但幼虫很小,可能比较难以找到,特别是当幼虫未进食和生长时。建议重点检查是耳朵、头部、颈部、背部、腹股沟皱褶、肛周和外阴部等处,因为这是蜱虫寄生的首选附着部位。通过观察蜱虫的面部形态特征可以识别蜱虫。

表 3-1　部分感染反刍动物的硬蜱及其可携带和传播的重要病原

硬蜱种类	可感染动物	携带传播病原
具尾扇头蜱	牛	小泰勒虫,牛双芽巴贝斯虫
血红扇头蜱	牛	牛无浆体
囊状扇头蜱	牛	牛双芽巴贝斯虫,牛无浆体
	绵羊	绵羊巴贝斯虫,羊无浆体
扇头蜱	绵羊	绵羊泰勒虫
具环牛蜱	牛	牛双芽巴贝斯虫,牛巴贝斯虫,牛无浆体
刻点血蜱	牛	牛双芽巴贝斯虫,牛无浆体
二棘血蜱	绵羊	羊巴贝斯虫
篦子硬蜱	牛	牛巴贝斯虫,嗜粒细胞无形体,牛无浆体
全沟硬蜱	牛	牛巴贝斯虫
肩突硬蜱	牛	牛无浆体
硬蜱	所有物种	伯氏疏螺旋体
森林革蜱	羊	羊无浆体

3.6.4　寄生虫的治疗原则

我国目前的肉牛养殖大致有以下 2 种类型:①肥育牛养殖,包括围栏肥育、舍饲肥育、草饲肥育等。②育犊母牛养殖,包括放牧养殖、小规模农户养殖、大规模集约化养殖等。

在肥育场中,寄生虫病控制的目标是优化增重,并且通常在动物到达牧场时进行治疗以清洁动物。肥育牛场肉牛往往数量多且集中,容易传播疾病。围栏肥育往往多次驱虫很困难,因此一般入场驱虫一次。舍饲肥育牛驱虫较为简单,可根据实际情况随时进行,但到场后的一次驱虫是必不可少的。草饲肥育牛在牧草资源丰富的国家和地区比较常见,我国较少。这种模式的牛长期停留于牧场之上,肥育效率较低,驱虫应克服困难根据感染压力的程度多次进行。

育犊母牛放牧养殖的环境不可控因素很多,整个牛群也包含了不同年龄阶段的牛,如果母牛得病,免疫力较低的犊牛更容易被感染。一般说来,放牧次数越少、时间越短、环境越干旱、年龄越大的牛,感染寄生虫的可能性越小。不同年龄或繁殖阶段的牛可能需要用不同手段来防治和管理。小规模农户母牛养殖的驱虫较为简单,由于养殖规模小,发病较少,有些农户还没有驱虫的概念。这些小规模农户养殖的母牛也不一定就是一直舍饲,在每年的特定阶段,它们也会到附近的山上、草地和耕地进行放牧,也有感染寄生虫的风险。育犊母牛的大规模集约化养殖是一件非常困难的事情,需要大量的成本投入。如果没有固定的配种和产犊期,那么大规模养殖条件下的犊牛年龄和体重大小不一,不便于管理,犊牛的驱虫方案也因此较难制定。

3.6.5 肉牛场寄生虫病防控方案建议

1. 驱虫药剂型和给药途径

药物是肉牛养殖场寄生虫病治疗防控十分重要的一环。不过,在介绍药物之前,有两个常见的误区需要纠正:第一,药物并不是防控寄生虫病的唯一手段,其他预防手段同样重要。养殖者头脑里需要时刻绷紧"预防"这根弦,防控措施做得好,治疗管理也会相对轻松。比如,不过度放牧,不去或少去寄生虫问题严重的区域放牧;不要长期待在一个放牧区,让土地上的粪便有时间自然变干,可降低寄生虫的存活率;集中处理牛粪,把寄生虫卵扼杀在摇篮中;条件允许的情况下可以多给牛刷毛,减少体外寄生虫的附着;在严格可控条件下放火烧掉放牧地被牛践踏过的牧草植物,以彻底杀死受污染土壤中的寄生虫卵等。第二,使用驱虫药并不是针对表现出相关症状的牛,而是一个能够降低寄生虫感染的基本预防措施,目标是在牛发生相关症状之前解决问题。驱虫的直接目标是截断寄生虫的生活史,减少环境中寄生虫的数量。这一基本常识却往往被很多养殖者所忽视,如果发现动物发病才用药,实际上经济损失已经发生了,等于亡羊补牢。

驱虫药的给药方法主要分为口服和皮下注射两种。一些驱虫药物可以混在饲料中通过间接口服方式给药,但由于受饲料混匀程度的影响,每头牛的药物摄食量可能受到影响,不如直接口服和注射方式给药的效果稳定。在实践中,可以根据自身牛场的特点,选择合适的药物。一般来讲,注射的药物能更快也更稳定地进入牛的循环系统发挥效果,不易受肠道吸收效率的影响,操作也相对简单。

2. 肉牛场寄生虫病防控方案建议

(1)驱虫次数　对于育犊母牛场来说,成年母牛一般具有一定的抵抗力,而1岁以下的犊牛免疫力较低,一般3～4月龄就要驱虫1次,断奶犊牛由于断奶应激,其免疫力往往不足以抵抗寄生虫的入侵,也可补驱一次。一般情况下,成年母牛每年至少驱虫一次,公牛的抗寄生虫能力要弱一些,因此最好每年驱虫2次。这一驱虫次数要求在我国小规模母牛养殖牛场容易做到。

(2)驱虫时间　寄生虫虫卵通过牛粪便落入土壤,某些可耐受冬天的寒冷,并在春季雨水多且温暖适宜的时候孵化,所以春季牛场的寄生虫如果不进行控制,会在夏季呈暴发性的大量增加,因此大部分牧场会选择在春季驱虫。而对于有些寄生虫流行比较严重的地区来说,可能需要一年的春、秋两季驱虫。在不驱虫的情况下,如果每年牛群又大体在同一地点活动,就会造成环境中的寄生虫一年比一年多。另外,成年母牛最常感染的胃线虫一般会在放牧季节结束之后钻入胃壁过冬,直到春季出来开始产卵,因此在春季放牧之前的这一次驱虫至关重要。妊娠期的母牛可以考虑在秋季驱虫,一般来说秋季驱虫的母牛过冬的状况会好一些,未来的受胎率也会更高,所产犊牛的质量也会更好。成年母牛在产犊期应激增加,免疫力下降,因此接近产犊时也是可以考虑驱虫的较好时机。

(3)驱虫方案　一个实用的驱虫方案包括驱什么虫、用什么药、怎么驱、驱几次等基本内容。每个牛场使用的驱虫方案不尽相同,常见的肉牛场驱虫方案建议如下(表3-2)。

表 3-2　不同类型肉牛场的实用驱虫方案建议

寄生虫	牛群类型	驱虫时间	驱虫药物	牛场类型
消化道线虫	成母牛	春、秋季 2 次/至少春季 1 次 产犊前 1 次	害获灭(伊维菌素注射液)； 乙酰基阿维菌素注射液/浇泼剂 阿苯达唑(口服,有绦虫时优先选择,注意孕畜禁用)； 莫西克丁浇泼剂	育犊牛场
	公牛	春、秋季 2 次		
	犊牛	2～4 月龄时 断奶时		
	肥育牛	入场时驱虫		肥育牛场
吸虫	所有牛只	入冬圈养时(如当年感染率高,8 周后重复驱 1 次) 开春放牧前	三氯苯达唑(口服/浇泼剂) 硝羟碘苄腈(注射剂) 氯舒隆(注射剂,注意禁用于孕畜和犊牛)	有水源地牧场
体外寄生虫(螨虫、虱、蜱等)	所有牛只	入冬圈养时 开春放牧前	害获灭(伊维菌素注射液)； 乙酰基阿维菌素注射液/浇泼剂	育犊牛场
	所有牛只	入场时	害获灭(伊维菌素注射液)； 乙酰基阿维菌素注射液/浇泼剂	肥育牛场
血液原虫(如焦虫、巴贝斯虫等)	所有牛只	入冬圈养时 开春放牧前	害获灭(伊维菌素注射液)； 乙酰基阿维菌素注射液/浇泼剂	有蜱虫流行的放牧牛场

3. 实施寄生虫病防控方案时需要考量的因素

一般来说,寄生虫的类型和感染风险因地点、因牛群而异。最常见的是牛的寄生虫,例如线虫,可以严重抑制动物的生长并降低生产性能,因此管理、监测自己牧场存在的寄生虫类型和感染风险非常重要。由于各个牧场本身的情况不同,一个通用的寄生虫病防控方案往往不能适应所有牧场,有效的寄生虫病防控方案通常需要根据不同地区不同牧场进行调整。因此,规划一套完整的方案包括确定风险、协调针对特定寄生虫威胁的治疗方式和牧场管理,可以防止寄生虫病暴发及其带来的生产力降低,并有助于避免产生有耐药性的寄生虫。

以下内容概述了寄生虫病防控时需要考虑的主要因素,可以作为肉牛场管理人员在制定适合的寄生虫病防控策略时的参考。

(1)了解所在牛场的寄生虫的种类以及它们如何、何时感染牛群　在生产中可以参考前几个月寄生虫病控制的有效性数据来制定未来的防控规划。

(2)了解所流行的寄生虫的生活史　大多寄生虫幼虫会存活过冬,并在春天草场变绿后集中暴发生长。放牧牛在草场上吃的每一口牧草都有很大概率感染寄生虫。如果牧场有放牧环节,在为放牧季节制定寄生虫病控制计划时,应考虑牛的品种、年龄、牧场地形、设施以及牧场的目标和能力。周期变化的规律将不可避免地受到气候、植被生长、寄生虫流行率、饲养水平、牧场管理和牛圈设施所影响,从而影响寄生虫病的控制。寄生虫种群显著增长从春天开始直到夏天,这段时间由寄生虫导致的肠胃炎病高发,而肺线虫病的感染则更多发于 7 月及之后。

(3)在正确的时间点正确地处置动物　对于寄生虫病的成功控制,选择正确的时间点和采用正确的处置方法至关重要。每年春季是确定寄生虫病控制方案的开始。应当明确是用驱虫药配合放牧管理合理,还是采取治疗并观察的方案更为合适。为发挥最好的防控效果,群体驱虫治疗需在放牧季节的早期进行,或在放牧刚刚结束时进行。如果采取治疗并观察的方案,那么确保与专业的兽医团队建立有效、定期的监测和诊断程序,例如粪便虫卵计数,以便在需要时可以针对特定的动物迅速采取行动。

(4)确定生长目标,通过加强饲养管理和使用驱虫药等措施来确保实现目标　最好可以定期对牛只进行称重,因为这是准确监测生长性能的唯一方法,同时也是最简单有效的评估寄生虫防控有效性的方式。监测肉牛体重是否增加是最有效的诊断工具,临床和亚临床线虫感染可导致体重减轻,监测增重情况即可发现问题。另外,只有获得每头牛只的精确体重,才能按照推荐剂量给出确切的驱虫药使用剂量,以获得最佳的驱虫效果。

(5)确定合适的寄生虫病控制方案并正确执行　确保在治疗前对牛只进行称重,并根据标签建议用量进行给药。使用精确的取药用药设备,并在使用前校准。不要忘记留存详细的记录,包括用药日期,用来确定相应的休药期。

(6)使用针对牛场寄生虫病的最适宜的驱虫药产品　应用正确剂量,安全、正确地存放和使用产品,使用产品前查阅标签或数据表。找到正确的时间点,针对正确的寄生虫,使用正确的药物可以产生最佳的驱虫效果,并且降低反复驱虫的可能性。

为确保驱虫药产品发挥作用,可以联系相关检测实验室做粪便虫卵计数降低率测试(FECRT)。在驱虫前选择牛只并收集其粪便样品,送去实验室进行粪便虫卵计数,然后再进行驱虫操作。驱虫 14 d 后,选取相同牛只,再次收集粪便样品并送到实验室进行计数。比较两次粪便虫卵计数结果,第二次检测样品的虫卵计数应比原始样品减少约 95%。如果最终粪便虫卵计数没有明显减少,那么牧场可能已经出现了耐药寄生虫,也可能是使用的驱虫药产品本身效力不足,抑或是驱虫药存在的寄生虫。后续需要考虑更换更加高效或是不同类别的驱虫药的驱虫谱不包含。

只有遵循精心设计的寄生虫控制计划,明智地使用抗寄生虫药物,才能改善牛群的生产性能,改善牛只的健康福利,实现牛场寄生虫病可持续性有效防控。

3.7　放线菌病

3.7.1　病原

放线菌病是由牛放线杆菌感染导致的疾病。牛放线杆菌是一种革兰氏阳性厌氧菌。形态星无抗菌性的杆状、丝状或分支状。感染牛常出现下颌肿大,因此该病又称为“大颌病”,这一问题在绵羊或山羊身上非常少见。

本病原是反刍动物胃肠道的常驻菌之一,通常在口腔或咽部受到锋利物品或饲草的物理性损伤后侵入损伤部位形成感染。需要注意的是,牛放线菌能感染人,导致肉芽肿、脓肿、皮肤损伤和支气管肺炎等。

3.7.2　临床表现

牛放线菌通过口腔感染牛只后,常导致慢性、进行性、肉芽肿性骨髓炎,常发生于下颌骨、上颌骨或头部其他骨组织。有些肿胀在后期会发生破溃，或伴有瘘道，流出脓性分泌物，脓性分泌物中可见硫磺颗粒样的菌体聚集地。颊齿根部的生发部发生感染可导致牙齿松动，咀嚼困难，患病动物常出现进食痛苦或困难，进而导致牛只体重下降或增重减慢（图 3-2）。

图 3-2　患放线菌感染的动物（张俊杰　供图）

3.7.3　诊断

本病通过典型的临床症状很容易诊断，极个别情况需要与牙病、肿瘤或同部位物理创伤相区分。

3.7.4　治疗

如有治疗价值，可以考虑采取以下 3 种方法。

（1）静脉输注碘化钠溶液，7～10 d 内连续使用多次。

（2）配合使用青霉素或土霉素等抗生素进行治疗。

（3）如果感染已经深达骨骼，一般预后不良，建议淘汰牛只；也可以考虑手术切除，但临床操作的成本很高。

3.7.5　预防控制要点

预防控制要点主要在于控制牧草的质量，包括以下 3 方面。

（1）避免草捆中混入金属类尖锐物。

（2）避免饲喂过硬的饲草。

（3）避免饲草中混有边缘锋利的杂草和木棍。

3.8 梭菌病

3.8.1 病原

梭菌病是指一系列梭菌属细菌感染所致各种症状不同的疾病统称。梭菌广泛存在于各种环境中，常见于土壤和动物粪便中。梭菌芽孢，所形成的芽孢可以在环境中长期存活。但是，并非所有的梭菌都能致病，一些梭菌会存在于健康动物的胃肠道中，或以芽孢形式存在于组织中。某些致病性梭菌一旦感染动物，在体内增殖过程中释放出外毒素，引起动物出现多种不同的严重临床表现，严重影响动物个体和牛群生产。主要致病性梭菌及其导致的疾病列于表3-3。

表 3-3　致病性梭菌及其导致的疾病

梭菌	疾病
破伤风芽孢梭菌	破伤风
败血梭状芽孢杆菌	恶性浮肿
肖氏梭菌	黑腿病
C 型产气荚膜梭菌	肠毒血症（犊牛真胃炎或猝死）
D 型产气荚膜梭菌	肠毒血症（粉肾病或猝死病）病
溶血芽孢梭菌	红水病
诺维氏梭菌	黑疫
肉毒芽孢梭菌	肉毒杆菌中毒

3.8.2 临床表现

根据不同类型的梭菌感染，患病动物会表现为多种不同的临床表现。临床上与梭菌相关的肉牛疾病通常包括破伤风、恶性浮肿、黑腿病、肠毒血症（猝死症）、梭菌性肝炎（红水病或黑疫）和肉毒杆菌中毒等。

1. 破伤风

破伤风是一种由破伤风芽孢梭菌感染而导致的致死性传染性中毒性疾病，牛对本病通常不易感。该细菌感染家畜后，随着其增殖会产生一种影响动物神经系统的外毒素，引起牛的骨骼肌紧张和收缩。患病动物表现为四肢僵直，关节僵硬不能弯曲，尾部抬起外伸，头部僵直前伸，第三眼睑突出、覆盖眼球，牙关紧闭不能采食，流涎和瞳孔放大等，很快出现不能站立或行走，最后因呼吸困难而死。家畜通常因深部创伤而感染，比如在进行不规范的去角或去势手术后发生。

2. 恶性浮肿

败血芽孢梭菌、肖氏梭菌、产气荚膜梭菌、污泥芽孢梭菌和诺维氏梭菌在牛的局部形成感染后均可能导致恶性浮肿，但败血芽孢梭菌为牛的消化道常在菌，仅在恶性浮肿病例中发现。恶性浮肿通常发生于创伤后的创口突发污染，使得这些梭菌有机会进入机体。创口周围出现水肿，动物表现为高热、精神沉郁，随后可能死亡。在对动物进行死后剖检时，常见到创口部位皮肤下积存大量液体。本病常见于深部创伤、去势损伤和分娩产道损伤后，也可见于新生犊牛的脐带感染，或兽医进行注射时不规范的无菌操作等。治疗成功率通常很低，如果可以在早期发现并尽快进行青霉素注射治疗可能会有帮助。目前，国外已经有成熟的疫苗产品，通过免疫来控制本病。国内牧场预防本病的关键在于避免动物外伤或创伤，定期消毒圈舍环境，对手术操作的所有器具进行严格消毒，要求兽医进行严格的无菌操作后再对动物进行注射治疗等。

3. 黑腿病

黑腿病是由肖氏梭菌感染导致的一种疾病，常见于6～24月龄的后备母牛，在高营养水平饲喂下的快速生长期的动物更易患本病。有研究认为，肖氏梭菌的芽孢可能正常存活于健康动物的肌肉中，当受到刺激，如撞击创伤或擦伤，开始增殖并产生毒素，进而对局部肌肉组织造成严重损伤。受感染的局部可能出现发热、肿胀和疼痛，气体在局部皮下产生，快速发展为坏疽，常单肢发病，动物表现为严重跛行。如果局部产生的毒素被吸收入血，会导致动物发热、虚弱甚至死亡。由于在发现动物出现严重跛行或皮下气肿时已经出现严重的局部肌肉损伤，治疗通常不会成功。在一些轻症病例中，如果能够在早期发现，使用大剂量青霉素治疗，可以取得一定效果。

预防是本病的控制关键。对于2周龄犊牛而言，国外的疫苗可以非常有效地预防本病的发生。完整的疫苗免疫方案还需要在3月龄和12月龄进行加强免疫。

4. 肠毒血症(猝死症)

猝死症常见于一些肥育场的牛只，尤其是饲喂高精料饲粮的牛群。动物通常表现为突然死亡，人们常听到类似的描述“昨天还好好的今天早上就发现死亡了”。一些饲喂高精料的犊牛，或是大量吸吮牛奶的犊牛也可能突发本病，有时也见于突然换粮的动物。治疗方法通常为常规的支持性治疗，但治愈率很低，一些愈后恢复的动物随后也会表现出体温升高和严重腹泻，一般预后不良。国外有效果非常好的疫苗，可用于2周龄犊牛，在黑退病流行区域使用可有效预防本病发生。尤其是在无法更换饲粮时更应该通过免疫接种降低动物的易感性。预防措施通常为降低所用饲粮的能量。

5. 梭菌性肝炎(红水病或黑疫)

梭菌性肝炎有两种形式，一种是溶血芽孢梭菌导致的以血红蛋白尿为主要特征症状的红水病，另一种是诺维氏梭菌感染导致的以传染性坏死性肝炎为主要特征的黑疫，这两种疾病均为急性致死性疾病。患病动物表现为急性高热、精神沉郁，并迅速死亡。在死后剖检时看到肝脏出现局部坏死，红水病动物出现血红蛋白尿和黄疸症状。

传染性坏死性肝炎在临床上通常伴发于肝片吸虫感染发病的牛或其他动物，由于本病发展速度极快，通常没有太多机会进行治疗，对早期发现的动物进行青霉素或四环素注射可能有助于恢复。预防的目的是对肝片吸虫进行控制，并建立良好的疫苗免疫方案。

6. 肉毒杆菌中毒

肉毒杆菌中毒是动物摄入被肉毒梭菌或其产生的毒素污染的饲料而出现致死性中毒性疾病。临床表现在不同动物中差异很大，通常为虚弱、肌肉功能障碍、沉郁、瘫痪，乃至死亡。本病目前尚无良好的治疗方案。预防的方法主要是及时发现并移除被污染的饲料。目前尚无疫苗可用。

3.9 牛传染性角膜结膜炎

3.9.1 病因与流行病学

牛传染性角膜结膜炎又称为红眼病，是由多种微生物共同引起的牛、羊急性传染性眼病。牛传染性角膜结膜炎是一种高度接触性传染病，其临床特征为发病动物角膜和结膜发生明显的炎性症状，眼睛流出大量分泌物，结膜和角膜发炎混浊、出现溃疡甚至失明。

牛莫拉氏菌是主要病菌，属革兰氏阴性球杆菌。本菌对理化因素的抵抗力弱，离开病畜后，在外界环境中存活一般不超过 24 h。

病菌存在于患病牛的眼分泌物中，可通过头部的相互摩擦、咳嗽和打喷嚏等传播。蝇、蠓、虻是本病机械传播的主要媒介。病毒和细菌可协同致病或作为继发性病原导致继发感染。

本病诱发因素包括紫外线照射、异物刺激，如风沙、粉尘、芒刺、花粉及化学药品进入眼内；机械损伤，如鞭打、摩擦或异物刺入眼内；畜舍内高温潮湿，空气污浊、阴暗，卫生不良等；某些传染病，如流感、恶性卡他热、浑睛虫病、牛传染性算气管炎等疾病也可继发或并发角膜结膜炎。牛莫拉氏菌单独感染眼或仅紫外线照射都不能引起此病，或仅产生轻微的症状，只有在病原感染并有强烈的紫外光照射下才产生典型症状。

天气炎热和湿度较高的夏秋季节是传染性角膜结膜炎的易发季节，一旦发病，传播迅速，多呈地方性流行性。易感动物不分年龄和性别，均可感染，犊牛和未成年牛发病更多，成年牛较少发病。本病在世界范围分布，发病率可以高达 80%～90%。

3.9.2 临床表现

红眼病潜伏期一般为 3～7 d，初期眼睛发红，畏光、流泪、眼睑肿胀、疼痛；2～3 d 后，角膜中央及附近出现直径 2～3 mm 的白色或灰色环形斑，白斑逐渐扩大、突起；3～4 d 后，角膜上出现黄色沉着物，眼内压增高，随后角膜凸起，角膜周围血管充血，结膜和瞬膜红肿。4～6 d 后，急性炎症缓和，角膜周边开始发生血管扩张和增生，新生血管爬至角膜中央，角膜变化减缓，逐渐不透明，眼周有大量黄稠分泌物，眼睑半闭合，呆立。大量流泪使颊部有泪痕。角膜或巩膜为深红色。严重时则眼睑外翻，布满血丝，眼结膜周围逐渐增生，呈蚌肉样，眼结膜红肿外翻，眼睑高度肿胀，遮蔽眼球，病眼痛痒，动物骚动不安，扒踢或摩擦患眼。病程稍长时，角膜发生溃疡，流出脓性分泌物及血清样液体，突出的结膜增生物逐渐伸展，病情继续发展可出现角膜浑浊，浑浊物呈乳白色，形成角膜瘢痕及角膜翳。患部周围角膜粗糙、增厚。分泌物呈脓性，眼睑闭合。多数为先一侧眼患病，后为双眼感染，随后又感染其他细菌，病变蔓延至整个眼球时，甚至造成角膜破裂及晶状体脱落，可引起失明，病程一般为 20～30 d。大多数病牛能自然痊愈，部分发展至角膜水肿、角膜溃疡，严重者失明。康复后一定时期持续带菌，成为传染源。

3.9.3 诊断、治疗与预后

实验室诊断方法包括角膜溃疡的荧光染色和病原培养，可用无菌水或特殊拭子/培养基来提高病原诊断敏感性。

本病常为自限性疾病，即疾病在发生发展到一定程度后，动物靠机体调节能够控制病情发展,并逐渐恢复痊愈。如早期发现并治疗可以尽可能地减小眼部损伤,预后良好。但病情发展到严重阶段再进行治疗时,患眼可能永久失明。

治疗方式分为局部用药、结膜下注射抗生素、全身性抗生素治疗和临时缝合第三眼睑等。其中:①局部用药(不推荐),通常对牛的治疗效果不好。②结膜下注射抗生素,是常见的治疗方法,但效果不如全身性治疗效果好。③全身性抗生素治疗(推荐)效果最好,但同时由于治疗剂量大,成本较高。根据不同国家和地区的药品适用标签,可以考虑使用加米霉素、泰拉霉素、氟苯尼考、土霉素、替米考星、头孢噻呋等抗生素产品。④临时缝合第三眼睑,闭合整个眼睛,配合晚期病例治疗。

3.9.4 控制与预防措施

(1)控制牧场蚊蝇。

(2)提供荫凉处,避免紫外线过度照射。

(3)避免气雾剂、化学药品刺激角膜,避免创伤。

(4)隔离患病动物。

(5)疫苗(牛莫拉氏菌疫苗在部分国家和地区可用)。

3.10 牛腐蹄病

3.10.1 流行病学与病因

腐蹄病又称传染性蹄皮炎、趾间蜂窝组织炎。其为趾间皮肤及其深部组织的急性和亚急性炎症,临床特征是患部皮肤坏死与化脓,常伴蹄冠、系部和关节炎症,呈现不同程度的跛行。不同种类的牛均可发病,且发病率较高,发生腐蹄病的病例占全部引起跛行蹄病的40%～60%,炎热潮湿季节比冬、春干旱季节发病多,后肢发病多于前肢。

环境因素是腐蹄病的主要外因。牛舍潮湿污浊,受损的部位首先是蹄叉沟,然后是蹄角质;牛舍地面残存杂物也会刺激蹄部软组织,诱使趾间皮肤发炎。肉牛舍饲养殖多以群居为主,牛舍场地空间狭小,每头牛占地面积不够,通常是粪尿没膝,污水横流,加上环境潮湿,舍内污浊不堪。牛群生活在此种条件下,牛蹄长期浸泡在粪尿污水中,局部组织软化而导致节梭形杆菌、节瘤拟杆菌等感染。另外,牛群需要适当地放牧,特别是繁殖母牛,而放牧地恶劣的条件也是造成腐蹄病的原因之一。比如,草场地面高低不平,砂石瓦片等杂物堆积,都会对牛蹄造成不同程度的伤害。若牛蹄被碎玻璃等尖锐物体划伤而不能得到及时治疗,也会导致细菌等微生物感染牛蹄。

除了环境等外部因素,饲养管理是导致腐蹄病的主要内因。我国肉牛舍内饲养居多,肥育后期过高水平的谷物精料导致育肥牛出现亚急性酸中毒,而粪便稀薄、酸度大,也是肥育牛腐蹄病的主要诱因。此外,饲粮中各营养素的比例也十分重要,其中钙和磷含量及其比例不同,对牛体自身的免疫力都有重要影响。除此之外,牛蹄部的发育不良、蹄部畸形等也是内因之一。

3.10.2 临床表现与治疗

常见腐蹄病的症状分为急性和慢性两种,临床症状有所不同。急性腐蹄病常见于牛的后肢,病牛可出现全身症状,主要表现为患肢不负重,习惯性抬起患肢以缓解疼痛,站立时会经常提举病肢,且只可站立较短时间,走动或运动时呈现跛行,严重时难以站立。因腐蹄病发生在牛的蹄部,患病的牛蹄角质层出现问题,导致蹄部更加敏感,行走时疼痛加剧,站立姿势也会相应发生改变。随着跛行的不断加重,最终导致病牛害怕着地,体温经常有所升高,可达约 40 ℃。由于患蹄严重疼痛,病牛逐渐食欲不振,甚至完全废绝,精神萎靡,日渐消瘦,生产性能低下,母牛的产奶量降低。急慢性腐蹄病时,一方面表现为食欲不振,活力下降,体温偏高;另一方面,牛蹄部因腐烂会伴随有鲜血流出,并有轻微腹泻。除此之外,牛蹄腐烂化脓会散发腐臭的气味。仔细观察病牛可以发现患病牛蹄比正常肢体略肿胀、粗大。如果病情较严重,只能将其作淘汰处理。

3.10.3 诊断

将病牛保定于柱栏内,抬起病蹄,可发现蹄冠肿胀,呈红色或暗红色,趾间皮肤红肿。按压或叩击病蹄,病牛会表现出明显的疼痛感,且越靠近蹄球侧,疼痛感越明显,压迫时会有腐臭味液体流出。症状严重时,病牛的蹄壳会发生变形、腐烂以及脱落,且从蹄冠、蹄角质甚至整个蹄球、蹄底处都发生腐烂分解。如果任疾病继续发展,还会导致蹄冠发生蜂窝织炎,并会逐渐侵害系部,从而造成系部的皮肤坏死和溃烂。

蹄叶炎和腐蹄病都会导致病牛出现疼痛跛行、经常卧地,不同之处是蹄叶炎是由于饲喂过多谷物饲料,尤其是饲喂大量精料而发生的一种急性炎症。通常是两后蹄发病,有时四蹄同时发病,常见于强度肥育期的肉牛。当病牛前肢患病时,患肢会伸向前方,拒绝蹄尖着地,主要是用蹄踵负重;当两后肢患病时,前肢后踏使重心前移,尽可能用后蹄蹄踵负重,以减少蹄尖负重。

与腐蹄病的症状相似,蹄底刺伤都会导致病牛出现跛行,蹄部触地时会伴有痛感。不同之处是,当蹄底被刺伤后,病牛表现得很不自在,用蹄负重的时间明显缩短或抖蹄,躺卧时患肢会突然屈曲,且体温没有升高。

3.10.4 治疗方式

单独隔离病牛,保定后对病牛进行全面检查,确定患病部位,根据病情严重程度选择治疗方法。对于轻症病牛,可冲洗患处局部,用高锰酸钾溶液洗去蹄部的污物,再用碘酊进行消毒,用高锰酸钾粉包扎,每天换药 1 次,直至康复。重症病例需要做腐肉剜除手术,先对伤口内部的污物进行清洗消毒,然后将坏死的部位进行切除。具体手术方法是将病牛患蹄冲洗、消毒后,先用手术刀在腐烂的角质部扩创,直到露出病变组织与健康组织连接处,并有鲜血流出,接着使用过氧化氢溶液冲洗,再涂擦碘酊,最后撒上一些碘仿磺胺粉,并在包扎绷带表面涂上松馏油,每 2～3 d 换药 1 次。如果局部出现较严重的化脓性肿胀,可切开柔软的部位,将脓汁排出,接着清除坏死组织,再按照上述措施处理。

腐蹄病的发生主要是微生物感染所致,可采取注射抗生素等方式进行辅助治疗。对轻微病症可以针对伤口处进行蹄浴治疗。若病牛出现全身症状,如体温升高、食欲废绝等,应果断采取措施对病牛进行全身性治疗和辅助治疗。

3.10.5 预防要点

(1)供给充足营养　给牛群饲喂营养均衡的饲料,保证含有足够的有效纤维,并注意使饲粮钙磷比例适宜。母牛，特别是泌乳期的母牛，要补充锌、硒等微量元素以及维生素等。

(2)注意环境控制，保持卫生良好　加强牛舍内外的清洁工作，勤打扫、定期消毒，避免牛舍内外蓄积粪尿，使整个牛舍地面保持干燥、干净，给牛群创造一个舒适的生活环境。确保地面无异物。牛群户外运动和放牧草场的地面也要保持平整，并及时进行清理，保证地面不存在尖锐异物，防止牛蹄部被异物刺伤扎伤。相比于坚硬的水泥地面，牛群更喜欢在松软的沙土草地上行走，场地的杂物会影响发病牛伤口的愈合。

(3)在可能的情况下考虑修蹄　修蹄是预防繁殖母牛发生腐蹄病的一个重要措施。牛肢蹄病占全部疫病的5.6%～40%，其中有88%～99%是蹄病。由此表明，减少蹄病发生是保证牛体健康的关键。根据牛的养殖类型和实际需求合理安排修蹄工作，有利于保证蹄形正常和牛蹄负重良好。建议请专业的修蹄人员对母牛进行修蹄，以避免蹄前壁的角质被切削过多等情况的发生。

3.11　赤羽病

3.11.1　病原

赤羽病又称阿卡斑病，病原为布尼亚病毒科布尼亚病毒属的赤羽病病毒(akabane disease virus)，该病毒可导致牛、山羊和绵羊的先天性关节弯曲和积水性无脑畸形综合征(congenital arthrogryposis-hydranencephaly syndrome, A-H Syndrome)。艾罗病毒(Aino virus)、施马伦贝格病毒(Schmallenberg virus)和赤羽病病毒同属布尼亚病毒科下的辛波(Simbu)血清群，二者亦可在反刍动物中引发类似的致畸效应。本病不传染人。

赤羽病病毒于1959年首次在日本赤羽村的库蚊与伊蚊中分离，并因此而得名，目前已在温带和热带地区广泛传播，包括澳大利亚、东南亚、中东地区和某些非洲国家。赤羽病已出现在我国多个省份，根据2006—2015年完成的一项血清学调查可知，赤羽病在我国24个省份的牛群、羊群的血清阳性率分别为21.3%和12.0%，对我国牛羊养殖业可造成较大影响。

3.11.2　症状与传播方式

赤羽病病毒主要通过库蠓属(*Culicoides*)的多种蠓传播，此外本病毒也曾在数种蚊中分离到，但蚊并非主要的传播方式。赤羽病病毒无法通过直接接触传播，也未能从公牛精液中分离。温暖潮湿的夏、秋，为赤羽病病高发季节。

成年动物感染赤羽病病毒后通常不表现任何症状。某些较少见的毒株可能导致新生犊牛脑炎，在韩国和日本发现的Iriki毒株可导致成年牛脑炎和神经症状。在大多数情况下，赤羽病病毒对发育期的胚胎有显著的不利影响。未免疫母畜在感染后1～6 d出现病毒血症，病毒经胎盘传播导致胚胎的四肢和中枢神经系统出现先天性畸形。妊娠中期(羊为28～56 d，牛为3～6个月)的母畜对该病毒最为易感。流产、死胎和早产为牛赤羽病疫情暴发的第一信号。仔细检查流产胎儿可发现关节僵硬，打开颅腔后可见积水性无脑畸形。若母畜在妊娠期早期感染赤羽病病毒，新生犊牛通常表现为一个或多个关节僵硬和弯曲的伴随肌肉萎缩，偶尔可见斜颈、脊柱侧弯、脊柱后凸和脊柱裂，胚胎畸形可导致难产和死胎。在赤羽病暴发后期(约6周时)，胚胎发展为积水性无脑畸形的概率增加，可能成为死胎，多数存活犊牛通常无视力、无法认知环境并表现出行为异常，最终死亡。

3.11.3 诊断

当犊牛发生如前所述的先天性畸形时，可强烈怀疑赤羽病病毒感染。可通过对胚胎或未吸吮初乳的犊牛的血清和体液（心包液、胸膜液或腹腔液）的血清学检测进行诊断，但母牛的血清学诊断仅适用于赤羽病非流行地区。最常用的血清学检测方法为酶联免疫吸附试验（ELISA）和病毒中和试验（VN），其他方法包括琼脂凝胶扩散沉淀试验（ADIG）和血凝抑制试验（HI）。

病毒分离（VI）或聚合酶链反应（PCR）可用于早期流产的胚胎的诊断；反转录 PCR（RT-PCR）可能检出新生犊牛体内的残余病毒核酸。由于母畜和发育后期的胚胎通常会清除体内的病毒，通常不通过病原检测确诊赤羽病病毒感染。

3.11.4 治疗与预防

目前，尚无治疗赤羽病的特效药，在蠓、蚊开始活跃的季节前对易感动物进行免疫接种是国外的常用方法，但我国尚无此类疫苗，提前采取控制措施是当前预防赤羽病的关键。

4 繁殖母牛常见病及其防治

内容提要：

繁殖母牛场最核心的经济生产环节，也是让母牛顺利分娩、再次妊娠和维持妊娠直至产犊的重要场所。影响母牛繁殖表现的一些传染性疾病会严重影响繁殖母牛的生产效率，而繁殖母牛在分娩前后的接助产管理，产后疾病的及时发现和处理是保持在此环节中少损失牛只，后续易于配种工作进行的关键。本章首先从一些严重影响繁殖母牛健康的疾病进行相关病原的介绍，重点针对导致繁殖障碍，如导致配种受胎率低和流产问题的疾病。生产者在面临群体繁殖母牛的繁殖表现不佳时，可以从这些病原在牛群中的流行情况流行入手，并根据本章提供的防治建议安排牧场的防控工作。其次，详细介绍了繁殖母牛的产犊环节重要注意事项，包括繁殖母牛如何顺利渡过每次产犊难关？如何通过管理工作让母牛更加顺畅地完成分娩过程？以及如何及时发现需要助产的母牛和正确助产等内容。最后，详细介绍了关于繁殖母牛偶发的乳腺炎如何及时发现和正确处置等内容。

4.1 繁殖疾病

4.1.1 钩端螺旋体病

钩端螺旋体病，也叫细螺旋体病或钩体病，是一种自然疫源性人畜共患传染病。本病是由不同型的致病性钩端螺旋体所导致。其主要临床症状表现为发热、皮肤和黏膜坏死、流产、黄疸以及血红蛋白尿等。不同年龄的牛都易感，急性钩体病多见于犊牛。本病的发生呈现明显的季节性，每年 8 月左右出现发病高峰期。钩端螺旋体（简称钩体）是引起本病的主要病原，它是一种纤细、规则细密的螺旋状结构的微生物，两端呈钩状弯曲，运动力良好。钩体呈螺旋盘绕的细长丝状圆柱形，每个有 12～18 个螺旋。该菌菌体长短不一，通常为 4～20 μm，平均为 6～10 μm，平均直径为 0.1～0.2 μm。使用吉姆萨染色菌体会被染成淡紫红色，其他普通染料难以着色。该菌为需氧菌，最适生长温度为 28～30 ℃，耐酸碱性很弱，最适 pH 为 7.2～7.4。该菌对光照和热敏感，在 50 ℃下经过 10 min 或 60～70 ℃下 1 min 都能够被杀死，在阳光直射下 2 h 即可被杀死，且大部分消毒剂都可将其快速杀死。

该菌分为很多菌型，我国已知 17 个血清群超过 170 个血清型的致病性钩端螺旋体菌株，且不断有新的血清型出现。不同血清型的钩体对不同动物的致病性也存在差异，其中波摩那型、黄疸出血型、犬型等是导致动物发病的主要血清型，尤其是波摩那型最为常见。

1. 易感动物

本病是一种典型的人兽共患传染病，基本全部温血动物都能够被感染，家畜中主要是牛、猪、犬易带菌，并具有较高的发病率。

2. 传染源及传播途径

多种动物都可以作为本病的传染源，其中最重要的传染源是鼠类，另外猪、牛、马、猫、犬等也是常见的传染源。这些动物不仅带菌率高，排菌量大，并能够长时间通过粪尿持续排菌，对饲料和水源造成污染，从而导致接触的人畜发病。一般来说，本病主要通过消化道以及皮肤、黏膜损伤感染。另外，有多种蜱和蜱也能够传播该病。

3. 发病特点

本病全年任何季节都能够发生，其中夏季、秋季较为多见，每年 7～9 月容易发生，经历过草地放牧的母牛在仲夏或初秋容易出现流产。本病尽管发病率低，且病牛症状轻多重少，但传染性强。另外，饲养管理不当、感染疾病等因素都可诱发本病，甚至造成死亡。尽管不同血清型钩体的主要宿主可能相同，但并非每个血清型都是严格专一的。

4. 临床症状

(1)急性型　通常是犊牛多见，往往呈散发性或流行性。病牛体温明显升高，可超过 40 ℃，呈现稽留热，精神萎靡，食欲废绝，黄疸、尿血；皮肤发生干裂、溃疡以及坏死，往往在 24 h 内窒息而死。病牛会排出色泽暗淡的尿液，其中含有大量的胆色素、血红蛋白以及白蛋白。部分病牛会表现腹泻、呼吸困难、结膜炎以及脑膜炎。病程一般可持续 3～5 d，病死率非常高。

(2)亚急性型　母牛易发，出现一过性发热，但是程度不同，食欲废绝，停止反刍，黏膜黄染，泌乳量降低或者完全停止泌乳，部分乳房、外生殖器的皮肤以及口腔黏膜发生坏死。病程可持续超过 2 周，也易发生流产，但病死率低。

(3)慢性型　常见于妊娠母牛，主要表现为流产、死产胎、产后胎衣滞留，甚至发生不育症，且所产犊牛体弱、容易死亡。贫血和黄疸时隐时现，尤其是发热时贫血较为严重。有时暴发本病的牛群仅表现流产这一个症状。

5. 剖检变化

病牛主要表现为皮肤、皮下、黏膜、浆膜发生明显黄染、出血；胸腔和心包存在黄色积液，心内膜出血；肝脏呈棕黄色，发生肿大，胆囊存在淤血，也发生肿大；肾脏淤血，发生肿大，慢性型还散布有灰白色的坏死病灶；肺脏存在出血斑点；脾脏也发生肿大，并伴有出血；肠系膜以及肠、膀胱黏膜等都发生出血，膀胱内存在红色或黄色尿液；部分病牛在头部、颈部、下颌、肾脏以及胃壁等处都出现水肿。

6. 诊断

(1)微生物学检查　取病牛的尿液、血液以及肝脏、肾脏组织制成悬液，以 1 500 r/min 的速度进行 5 min 离心，取其上清液制成压滴标本。使用显微镜在暗视野中观察，可发现细长菌体，呈螺旋状，两端呈钩状弯曲，且体形纤细，可自行活动。

(2)血清学检验　采集病程 10 d 左右的病牛静脉血，制成血清，添加生理盐水进行不同浓度的稀释后，使用钩端螺旋体活菌抗原进行凝集溶解试验，放在高倍镜下观察检验，确定其溶解价超过 1∶400。

7. 防控措施

(1)隔离消毒　在牛群中发现病牛时，要立即执行隔离，并采取相应治疗措施。同时，对病牛污染的饲养用具以及牛舍，使用3%石灰乳进行消毒，清除积粪、淤泥、污水，并捕杀可能生活在饲料库内的老鼠。

(2)饲料途径　对于疑似感染的牛，可在每千克饲料中添加1.5 g土霉素，混合均匀后饲喂，连续使用大约1周。加强饲养管理，饲喂容易消化且富含纤维素的饲料，增强机体抗病能力[44]。

(3)药物治疗　可以使用土霉素或替米考星治疗急性病例。单针长效的土霉素按每千克体重使用20 mg进行肌内注射，替米考星按每千克体重10 mg皮下或多次注射头孢噻呋钠(按每千克体重2.2或5 mg肌内注射，每天1次连续5 d，或按每千克体重20 mg肌内注射，每天1次连续3 d)。阿莫西林按照每千克体重肌内注射15 mg，间隔48 h使用2次。

(4)疫苗接种　在国外某些地区，牛群可通过紧急预防接种钩端螺旋体病多价菌苗，一般在2周内就能够控制住疫情。我国尚无此类疫苗。

4.1.2　牛弧菌病(胎儿弧菌病)

弧菌是一种菌体短小，弯曲成弧形，尾部带鞭毛的革兰氏阴性菌，运动活泼，不形成芽孢和荚膜，对外界抵抗力微弱。其中，引起牛感染的胎儿弧菌病又称胎儿弯曲分枝杆菌病，是由胎儿弧菌引起的一种人兽共患传染病。本病在世界各地均有发生，在肉牛场广泛存在，呈地方性流行特点。患病牛和带菌动物是传染源。病原体会存在于牛的生殖道、胆汁、胃肠道、血液等。病原可存在于精液中，年轻的公牛通常不会传播疾病，但成年公牛尤其是牛龄超过5岁的公牛可长期携带病原。

1. 临床症状

本病可以发生在母牛怀孕期的任何阶段，但以怀孕4～6个月最为多见。母牛妊娠早期发生流产时胚胎往往被吸收，发生轻度的子宫内膜炎、阴道炎及子宫颈炎，临床症状不明显，不易被发现，通常因牛只自然返情而得知早期流产。母牛妊娠4～7个月因本病发生流产较容易被发现，流产前2～3 d从阴门流出带血的黏液，阴唇肿胀，妊娠母牛精神不振、食欲下降。流产时出现腹痛、拱腰、努责，排出死胎或活胎、胎儿的组织碎片。流产后阴道排出黏性或脓性分泌物。接近预产期发生的流产，产出的胎儿大都是活胎，但常因胎儿衰弱而很快死亡。少数母牛由于继发败血症而死亡。被感染后的牛只康复进程慢，成年母牛在感染后需要2次甚至更多次配种后才能成功妊娠。

2. 诊断和治疗

细菌学检查可采集阴道或包皮样品，或者死亡胎儿的肺组织或胃内容物，但样品中一般都带有其他微生物，因此应选用适当的培养基，抑制杂菌生长，如沙门志贺菌属琼脂培养基或嗜盐菌选择培养基。也可采集阴道黏液及胎儿胃内容物进行培养检查。

免疫荧光试验(FA)方法检查带菌种公牛方便准确。如能同时进行细菌培养和分离，则可筛查出98%的带菌牛，但可能会出现假阴性反应。

自然感染的母牛一般会产生局部抗体，在感染6周之后直至7个月这一期间能从子宫颈的黏液中通过阴道黏液凝集试验检出，可与抗原发生凝集。但个别牛也会出现假阴性结果，若黏液样品中含有血液或其他渗出物，则会影响检验结果。

当牛只出现胎衣滞留时,应及早手术剥离。当死胎不易排出时,可采用碎尸术分段取出,必要时可剖腹取胎。在暴发本病后,母牛需停止配种 3 个月。流产母牛特别是有胎衣滞留的,可按子宫炎常规处理,肌内注射或子宫内投长效土霉素或氟喹诺酮类药物 2 个疗程,一般局部治疗比全身治疗有效。治疗后至少间隔一个发情期后再配种。

3. 预防

母牛配种要严格遵守操作规程。严格执行兽医卫生防疫措施,特别是注意饲料和饮水的清洁卫生。发病母牛应严格隔离并进行治疗。流产胎儿、胎衣以及污染物要彻底销毁,粪便、垫草等要及时清除并进行无害化处理,圈舍进行彻底的消毒处理。

商业化冻精在制备过程中有添加抗生素,对本病的防控大有益处。要注意,如果使用本交方式,即使公牛本身没有发病也可机械传播病原。有条件的牛场,可用本病在当地流行的菌株制作灭活菌苗,对牛群进行免疫接种,可有效预防本病。

4.1.3 牛病毒性腹泻病

牛病毒性腹泻病是由牛病毒性腹泻病毒(BVDV)导致的一种传染性疾病。BVDV 是一种黄病毒科瘟病毒属的 RNA 病毒。BVDV 可引起感染动物产生一系列复杂的临床症状,主要包括牛病毒性腹泻,急、慢性黏膜病、持续性感染与免疫耐受、免疫抑制、母畜流产、死胎、畸形胎、血小板减少症与出血综合征等,其相应的致病机理也非常复杂。根据病程的长短和严重程度,临床上将牛病毒性腹泻病分为:急性感染及免疫抑制、持续性感染、繁殖障碍、血小板减少症、出血综合征。

急性感染是最为常见的表现类型,通常是非持续感染牛和免疫系统正常的牛感染时表现的临床症状,特征为患病率高,致死率低,血清阳性牛也可发生急性感染。临床症状包括双相热、厌食、昏睡、白细胞减少症、眼鼻分泌物、口腔溃疡、出血、腹泻及泌乳牛的产奶量下降。这种类型在自然条件下通常由非致细胞病变(noncytopathogenic,NCP)型病毒引起,临床上多呈隐性和温和型经过。被感染的动物在急性期会出现显著的免疫抑制状况,从而对呼吸道疾病等问题的易感性升高。

持续性感染(persistent infection,PI)是 BVDV 在自然界中存活的主要形式,这种类型是由于妊娠母畜在怀孕早期(一般为妊娠 30～150 d)子宫内感染非致细胞病变型 BVDV 而引起的,胎儿在后续的免疫系统建立时会误把病毒当成自身物质,不对该病毒产生免疫应答从而与其长期共存。牛群中的持续性感染牛(PI 牛)是牛群中 BVDV 最主要的传染源。

BVDV 是引起牛繁殖障碍的一种重要病原。母牛在受精时以及在妊娠的早期和中期感染 BVDV,可导致母牛卵巢受到感染,卵巢功能受到影响产生改变,从而造成繁殖性能下降。临床表现为久配不孕、连续返情、流产或是产出死胎、木乃伊胎、弱胎和畸形胎。BVDV 急性感染的公牛也会通过精液排毒,这是一种必须关注的传播方式。

临床控制措施主要包括:①群体筛查找到 PI 牛,做淘汰处理;②从新生犊牛中筛查找到 PI 犊牛,做淘汰处理;③周期性疫苗免疫降低牛群的易感性,减少 PI 牛的形成。

4.1.4 牛传染性鼻气管炎

牛传染性鼻气管炎(IBR),又称红鼻病,是指由牛疱疹病毒-1(BHV-1)导致的上呼吸道和气管感染而出现的临床疾病。临床上有多种不同的表现形式,如牛呼吸道疾病、结膜炎、传染性外阴阴道炎、流产以及以脑炎和舌出现局限性斑状坏死灶为主要特征的新生犊牛败血症。BHV-1 感染最常见的临床表现为呼吸系统疾病，有时伴发结膜炎，虽然发病率可能很高，但是死亡率很低，除非动物继发细菌性支气管肺炎。而临床上导致经济损失最大的是各种临床表现伴随出现的流产，流产可能伴随临床表现同时发生，也可能在随后的数周内被发现。

与其他疱疹病毒类似，IBR 的一大特点是会形成潜伏感染，母牛在感染 BHV-1 后可在神经系统中潜伏感染，而随后的其他病毒感染导致免疫抑制，或运输等原因导致皮质醇水平升高均可能导致潜伏感染的动物再次复发和向外排出病毒。通过自然感染或疫苗免疫所产生的抗体水平，通常仅能维持 6～12 个月。

临床上呼吸型 IBR 的病牛主要表现为体温升高、精神沉郁、厌食、呼吸频率加快、在感染 72 h 内鼻腔分泌物增多，甚至呈脓性黏稠状，鼻头上出现干性坏死灶、偶见鼻腔/口腔黏膜溃疡灶。通常在临床上看到如上述临床表现时便可以做初步诊断，实验室确诊可以通过免疫组化或 ELISA 试剂盒进行检测，有条件的也可以考虑 PCR 检测。

使用有效的 IBR 疫苗，建立良好的牧场免疫程序及免疫执行，是防控本病的关键。

4.1.5 毛滴虫病

牛毛滴虫病是由胎儿三毛滴虫寄生在牛生殖道内引起的一系列生殖系统疾病，本病通过交配传播，在牛群中引起生殖系统炎症、不孕和早期流产，给养殖业带来巨大经济损失。胎儿三毛滴虫主要寄生在母牛的阴道、子宫、流产胎儿、羊水和胎膜中，在公牛的包皮腔、阴茎黏膜、输精管中也存在大量寄生虫。胎儿三毛滴虫是一种有鞭毛、呈梨状的真核原生动物，虫体在宿主体内移动过程中常以痉挛状态滚动。胎儿三毛滴虫可以在纯精液或稀释精液中存活，病原可以在体外环境下进行培养。

在母牛群中，如果有胎儿三毛滴虫感染生殖系统，会导致母牛生育能力严重下降，后续发展为发情异常以及繁殖时间延长。因为母牛不能正常妊娠，使得淘汰率进一步上升。母牛感染后出现子宫积脓和妊娠早期流产，也是母牛低育的主要特征。未正常妊娠的母牛，常在返情时期出现阴道脓性分泌物增加。通过提取阴道分泌物，能够检测到活动的胎儿三毛滴虫。

本病主要通过交配传播，传染源为发病动物和带虫动物，主要发生于母牛交配季节。使用携带三毛滴虫精液，或人工授精过程中消毒不严格，以及产科检查器具沾染虫体，都会导致该种病原侵袭感染。此外，健康母牛接触被患病母牛生殖器官分泌物污染的垫草和饲养用具，也会导致母牛患病而不能正常发情，不能正常妊娠，或在妊娠前期出现流产，常给养殖者造成严重经济损失。

1. 临床症状

（1）繁殖力降低　牛群中一旦出现胎儿毛滴虫病的流行和传播，患牛的繁殖能力明显降低，随病情发展会出现返情、产犊间隔延长等情况，因不孕而被淘汰的牛数量不断增加。此外，有些牛表现为子宫积脓和妊娠早期流产的症状，也应视其为本病的疑似牛。感染滴虫病的未怀孕母牛常在返情时阴道流出脓性的分泌物。直肠检查也会导致阴门处有分泌物流出，检测分泌物可发现有活动的胎儿毛滴虫。妊娠母牛尤其是妊娠足月的母牛，一般没有明显的临床症状。染病母牛会出现屡配不孕、发情不规律的问题，但没有明显的临床症状。感染牛会有妊娠失败并且发展为子宫内膜水肿的情况，出现絮状的黏液性分泌物。随着病情的发展，病牛会发生子宫积脓且无发情周期的不良情况。

(2)流产　母牛感染后在妊娠的2～4个月流产的情况较多见,但妊娠4个月后则很少有流产症状。病牛如果在妊娠晚期流产,对其绒毛膜、胎肺和胎儿的胃肠道进行检测可发现有胎儿毛滴虫。因为病牛出现生长延迟,所以流产胎儿比同时期正常妊娠的胎儿小。流产的病牛胎儿一般都是灰白色,并且会连同胎膜一同排出。生产中未见化脓症状,羊水中非常容易发现毛滴虫。患病母牛发生流产后7 d其阴道分泌物中即检测不到寄生虫。

2.诊断方法

结合发病史,早期出现流产症状、多次配种都不能正常受孕、发情不规律、子宫阴道出现炎症分泌物,可怀疑是牛毛滴虫病。确诊还需进行实验室诊断。

牛感染毛滴虫病的确诊通常是依赖于在病料中找到的存活的胎儿三毛滴虫,临床中一般都是从母牛的生殖道、公牛的包皮内含物、流产胎儿及胎盘组织中进行病料的采集。如果在母牛的子宫脓汁、阴道分泌物、子宫颈黏液或流产组织中发现胎儿三毛滴虫,即可确诊。临床中最佳的病料样品是胎膜或流产胎儿的器官。牛通过交配感染了毛滴虫病,会表现出不同的消除速率,所以,未发现微生物也并不意味着感染的早期没有病原存在。临床用于检测的样品不能被粪便污染,因为可能会有非致病性的类似三毛滴虫样微生物存在,从而影响检测结果。公牛感染毛滴虫病的确诊,需要对包皮的刮下物和包皮洗液进行相应的检测。传统的采样方法是对包皮的黏膜进行刮擦,尽量采集更多的包皮垢;也可以在对毛滴虫病进行诊断时对公牛进行深度的麻醉,冲洗包皮并对冲洗液进行相关的检测。生产中应该尽量选择在公牛有性行为后的5～10 d进行检测,这样能够检测到更多的三毛滴虫。

检测虫体时应该小心的处置任何可能含有三毛滴虫的材料,因为三毛滴虫一般都比较脆弱,而且在死亡之后会很快发生降解。所以如果采集的样本不能适当处理,会导致检测时虫体消失。目前,有多种培养基能够培养毛滴虫,主要包括克劳森培养基、黛蒙德氏培养基以及InPouch TF系统。近年来,临床中应用PCR方法检测三毛滴虫的情况也较多见。PCR检测方法可以分辨牛阴茎包皮陷窝中的三毛滴虫为胎儿三毛滴虫感染或粪便毛滴虫污染,这对鉴别初步培养的胎儿三毛滴虫比较有效。此外,PCR检测法直接诊断现场采集样品中的三毛滴虫,具有更高的灵敏度。需要注意的是,采集的样品应该尽快地检测处理,否则长时间的保存会影响灵敏度。

3.治疗与防控措施

在治疗过程中,首先要清理母牛子宫内容物,强化消毒杀菌。用2%碘溶液冲洗阴道子宫等患病部位,冲洗过程中应该尽量确保药液在患病部位多停留一段时间,充分接触以杀死内部存在的虫体,每隔3天使用1次,连续3次为1个疗程。同时使用甲硝唑,用量为每千克体重75 mg,每12 h注射1次,连续3次为1个疗程。针对养殖场所有繁殖母牛,深部肌内注射甲硝异丙咪30 g,1次/d,连续使用3天,强化预防。

牛毛滴虫病的防控要坚持预防为主,防治结合的原则,清除感染和携带病原动物,防止该疾病再次侵入牛群。在临床生产中,人工授精的方式能够有效地控制毛滴虫的感染,采用健康公牛的精液以人工授精的方式代替自然交配,不会造成健康母牛出现感染的情况。在人工授精之前,一定要对精液活性和质量进行镜检。如发现带虫精液,应该对同一批次精液进行全面销毁。养殖场的牛群如果不能全部采取人工授精方式配种,只选用牛群中的年轻公牛进行配种,也能有效降低三毛滴虫对牛群的感染率。2岁的公牛抵抗传染病的能力比较强,相较于老龄公牛，用年轻公牛可减少滴虫病的传播，但不能够完全消除滴虫病的感染。发现感染存在之后，应该立即将患病牛只和健康牛只隔离，强化消毒，及时将被患病牛只污染的垫料、饲料、粪便清理出牛舍，堆积发酵，以杀灭其中存在的病原。

4.1.6 肉孢子虫病

住肉孢子虫病是一种流行广泛的人兽共患寄生性原虫病。其病原的发育需要两个宿主，中间宿主为牛、羊等草食动物，终末宿主是犬、猫等食肉动物。人既是中间宿主，又是终末宿主。牛是住肉孢子虫的中间宿主，住肉孢子虫危害牛肉品质和安全，人食用患病牛肉会危害健康，引起腹痛、腹泻等症状。

1. 生活史

住肉孢子虫属于真球虫目肉孢子虫科肉孢子虫属。住肉孢子虫广泛寄生于恒温动物和变温动物体内，具有严格的宿主选择性，常寄生于宿主横纹肌和中枢神经系统。不同虫型的组织分布位置不同，且终末宿主也不相同。

住肉孢子虫和弓形虫的生活史十分相似，发育过程中必须更换宿主。中间宿主通过吞食终末宿主排出粪便中的卵囊引起感染，终末宿主食入生的或未煮熟含有住肉孢子虫包囊的肌肉或神经组织而感染。

以枯氏肉孢子虫为例，犬科动物是枯氏肉孢子虫的终末宿主，野牛和黄牛是其中间宿主。枯氏肉孢子虫在终末宿主体内进行有性生殖。犬、狐狸、狼、豺、浣熊等食入枯氏肉孢子虫包囊，经胃、肠道消化释放缓殖子，缓殖子侵入小肠黏膜上皮细胞或杯状细胞，约 6 h 产生雌配子和雄配子，雌配子和雄配子数量比约 95∶5，大约 24 h，雌配子和雄配子受精形成合子，合子外分泌囊壁形成卵囊。卵囊移行至固有层，经孢子化形成 2 个孢子囊，每个孢子囊含有 4 个子孢子。卵囊壁很薄，孢子囊常破壁而出进入肠腔。因此，未孢子化卵囊、部分孢子化卵囊、单个孢子囊均可随粪便排出。

枯氏肉孢子虫在中间宿主体内进行无性生殖。野牛或黄牛食入被卵囊污染的水源或饲草，经过 4～7 d，卵囊进入小肠，子孢子从孢子囊释放出来进入肠腔和肠系膜淋巴结动脉上皮细胞。卵囊感染后 7～15 d，子孢子进入动脉内皮细胞完成第一代裂殖体的发育过程。感染后 19～46 d，第一代裂殖子进入全身毛细血管、小动脉内皮细胞完成第二代裂殖体的发育。一般可在感染的 24～46 d，从黄牛的外周血液检测到裂殖子。第二代裂殖子从裂殖体释放出来，进入横纹肌或神经系统，形成包囊。据流行病学调查发现，黄牛横纹肌中包囊阳性率可达 100%，而心脏、神经系统中包囊的阳性率要比骨骼肌高。推测住肉孢子虫第二代裂殖子在进入横纹肌或神经系统时已具有选择性，机理尚不明确。包囊一般可在动物体内维持一生，也有部分包囊在 3 个月后逐渐消失，从包囊释放的缓殖子不能在中间宿主体内继续发育。卵囊感染 75 d 以后形成的包囊才可感染终末宿主，裂殖体和不成熟的包囊均不能感染终末宿主。

2. 流行病学

住肉孢子虫病流行很广。在我国广州、湖南、湖北、西安、甘肃、新疆、青海等地都曾有关于住肉孢子虫病的报道。本病的传染源主要是被带虫粪便污染的饲草(料) 和饮水等。饲料是本病主要的传播方式。

根据我国住肉孢子虫形态学观察和流行病调查的报道，我国黄牛住肉孢子虫病的阳性率为 3.64%～98.1%。目前，已确定的牛住肉孢子虫虫型有 5 种，我国已报道的黄牛住肉孢子虫虫型有 3 种，其中 2 种虫型对牛和人均有致病性。

3.临床症状与危害

在家畜中肉孢子虫感染非常普遍，然而大多数患病动物并没有明显症状，只有在屠宰时才会被发现。严重感染枯氏肉孢子虫的牛可能出现发热、厌食、恶质病、泌乳量下降、腹泻、肌肉痉挛、贫血、尾掉毛、烦躁不安、乏力和虚脱，甚至死亡。枯氏肉孢子虫能感染犊牛，引起急性疾病、牛嗜酸性粒细胞性肌炎。妊娠期后 3 个月内感染的母牛可发生流产、死产，甚至导致死亡。急性感染的动物屠宰后可见肠系膜和心肌出血，处于生长期的反刍动物感染会出现轻微贫血，并严重影响增重，急性发病痊愈后的犊牛仍会生长不良。

住肉孢子虫包囊寄生于牛的横纹肌中，但并不是所有类型的包囊都对中间宿主存在严重致病性，住肉孢子虫的终末宿主可以是犬科动物、猫科动物或其他动物。对于中间宿主来说，通过犬科动物传播的住肉孢子虫要比猫科动物或其他动物传播的住肉孢子虫致病性强。在牛的住肉孢子虫中，枯氏肉孢子虫的致病性最强，感染犊牛或成年牛后，患牛表现为厌食、发热，体重减轻、流产，甚至死亡等症状，影响牛肉的品质和经济效益。人们吃生牛肉或未充分煮熟的牛肉，食入肌肉中包囊可被感染，导致人出现腹部不适、腹痛、腹泻等症状。由于住肉孢子虫的致病性，住肉孢子虫感染严重的牛肉需要销毁。而感染住肉孢子虫轻微的牛，由于虫体寄生及其产生的毒素，肌肉组织受到不同程度的损害，致使肉品中残留毒素，商品价值会严重降低。

4.诊断与检测

住肉孢子虫病在病牛生前不容易确诊，可以使用横纹肌孢子虫体和虫囊进行检验，而且可以通过检验机体内有无住肉孢子虫毒素作为辅助诊断方法。同时，间接血凝试验和 ELISA 试验等免疫学手段，是检验本病的最有效和简单易行的诊断方法。死后家畜可用病理学诊断法，该方法准确有效。牛住肉孢子虫的检测和鉴定方法有以下 4 种。

(1)粪便中住肉孢子虫卵囊的检查　不同住肉孢子虫感染后潜伏期和前驱期不同，大多数住肉孢子虫均可在终末宿主食入住肉孢子虫包囊后的 7～14 d 查到粪便中的卵囊。因终末宿主仅在有限的特定时期排出住肉孢子虫卵囊，通常粪便中的卵囊检出率比较低。常用糖或盐漂浮卵囊，洗涤粪便，而糖漂浮法要比盐漂浮法对卵囊的损害小，是更为常用的方法。

(2)肌肉中包囊的检查　住肉孢子虫包囊可以通过肉眼直接观察、光学显微镜观察未染色的组织压片、病理组织学以及蛋白酶消化法进行检查。

(3)血清学检测　酶联免疫吸附方法是快速诊断感染的血清学方法，应用广泛。血清学方法简便快速、灵敏度高，但由于住肉孢子虫进入中间宿主体内后进行无性生殖，从子孢子释放到形成第二代裂殖体这一感染过程相对其他传染性疾病而言较为漫长，所以无法确定是急性住肉孢子虫病还是慢性住肉孢子虫病。

(4)分子生物学检测　根据研究，基于聚合酶链式反应(PCR)的分子生物学方法可以通过采集肌肉样品进行住肉孢子虫病的检测，而且具有很高的灵敏度。一般采集牛的膈肌样品用于测定，提取 DNA 后采用以住肉孢子虫 28S rRNA 为靶基因设计的引物进行半巢式 PCR 检测。结果显示，DNA 最小检出量达 1×10^{-2} ng/μL，以 COX 1 为靶基因的 PCR 方法的特异性最好，适用于养殖动物肌肉样品中住肉孢子虫的检测。

5. 防控治疗要点

本病目前还没有特效药物，氨丙啉、氯苯肌等抗球虫药可用于本病的治疗，但治疗效果往往不甚理想。氨丙啉每千克体重用量为 100 mg，1 次/d，连用 30 d，可起到预防作用，降低牛枯氏肉孢子虫感染率。对治疗效果不甚理想的牛，建议急宰和逐步净化。人若感染本病可选用磺胺类和吡喹酮类药物进行治疗。

由于家畜住肉孢子虫病是通过污染的饲料或饮水而感染的，制定防治污染的措施就能防治本病，提高卫生和良好的管理是十分必要的。在平时的饲养管理中，应控制犬与其他食肉动物采食生肉、内脏或死亡动物。饲料要覆盖严实，严格控制犬与猫等动物进入饲料间，防止牛的饲料和饮水被含有住肉孢子虫卵囊的粪便所污染。

4.2 难产

分娩管理是决定繁殖母牛经营好坏的关键因素之一，获得健康犊牛和可再次配种的母牛是其核心目的。在生产过程中并非所有母牛都会正常分娩。自然原因导致胎儿个头过大、胎儿姿势、胎儿朝向和胎儿与母体位置出现异常；母牛应激导致虚弱；子宫扭转等均可导致分娩困难。

4.2.1 正常分娩过程

分娩的过程是指原来待在子宫中的胎儿通过母牛产道最终分娩到体外的过程。从生产上来说可以分为 3 个阶段。

(1)产道准备期　母体通过一系列的生理激素水平变化调节，骨盆周围的韧带和肌肉开始松弛下来，子宫颈口逐步开放。临床上可以看到母牛表现为起卧不安、喜独处、寻找安静封闭的角落、尾巴上扬、尾根周围肌肉完全松弛、乳房充盈甚至漏奶、从外阴部位看到垂下的黏液栓等。这一阶段通常持续 5～24 h。

(2)胎儿娩出期　母牛子宫开始节律性收缩，胎儿开始通过子宫颈口进入阴道，并最终娩出体外。可以看到母牛躺卧、努责、哞叫、外阴部一开始见到尿膜囊、破水、羊膜囊，正常情况下随后见犊牛双前蹄、鼻头、头部，最终完全娩出。这一阶段通常持续 0.5～3 h。

(3)胎衣排出期　在正常情况下，胎儿娩出后的子宫内的胎衣和胎盘会在随后的 12 h 内自然脱落排出。在产道准备期和胎儿娩出期出现一些异常导致母牛不能正常将犊牛娩出的问题，称为难产。

4.2.2 难产的类型及处置

临床上导致难产的因素主要有以下 7 种。

(1)胎儿过大　是指相对于怀孕母牛的产道来说，即将娩出的胎儿过大，很难由母牛自然娩出。导致胎儿过大的因素通常有，头胎青年牛体形过小、初配月龄小、公牛选择不当和围产期饲粮营养过剩等。牧场在培育青年母牛过程中饲养管理不到位导致青年牛体形过小，或在过低的月龄即开始配种，最终导致分娩时的青年母牛体形过小。在选择冻精给育成母牛配种时，尽可能选择后代初生重更低的种公牛可以减少此类问题。目前科学验证的种公牛有产犊难易度的后代遗传指标，牧场在选择种公牛精液时可以通过参考这一指标来减少胎儿过大问题。

(2)母牛产力不足　常见于分娩圈环境差，热应激严重，通风不良或分娩圈位置不佳，分娩母牛经常受到打扰。管理上在设置分娩圈时必须考虑夏季分娩时热应激问题的缓解和避免不必要的打扰等问题。

(3)子宫扭转　是指临近分娩母牛由于运动或起卧时子宫相对正常位置发生一定角度的扭转(图 4-1)。发生子宫扭转的母牛在临床上可见精神紧张、食欲废绝、腹痛、长时间处于第一产程不进入第二产程。可以通过对临产母牛的直肠检查或阴道检查进行确诊，可摸到从子宫颈口位置阴道壁发生顺时针或逆时针扭转，手臂无法通行进入子宫。临床处置主要是先通过阴道检查确定子宫是向左侧扭转还是右侧扭转，随后安全放倒母牛后将母牛四肢固定在一根棍子上，如果发生的是向右侧扭转，则让母牛右侧躺卧，由多名术者利用棍子迅速将母牛翻转为左侧躺卧，每次操作后可以进行直肠检查来确认是否纠正。如果发生的是向左侧扭转，则母牛应左侧躺卧，由多名术者利用棍子迅速将母牛翻转为右侧躺卧，每次操作后可以进行直肠检查来确认是否纠正，可多次操作直到子宫扭转被整复。

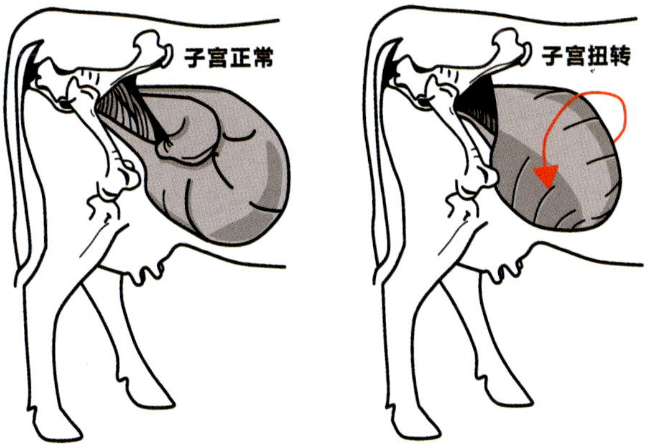

图 4-1　正常子宫和扭转的子宫(蔡恩嘉　绘图)

(4)胎儿姿势异常　胎儿正常的娩出姿势应为爬卧姿势，双前肢夹着头部一起进入产道(图 4-2)。但有些时候会发生姿势异常，如单侧前肢和头部进入产道(图 4-3)，或仅双前肢进入产道，头部未顺利进入(图 4-4)。无论何种胎儿姿势异常，均应通过分娩异常尽早发现，发现后先尽量将胎儿往子宫内推，操作者尽量将胎儿姿势调整为正常姿势后再进行助产。

(5)胎儿朝向异常　有时发生分娩异常的原因是胎儿的朝向不对，不是双前肢夹着头部进入产道，而是双后肢先进入产道，极端情况下还可能出现臀部或背部先达到子宫颈口位置。如果临床上检查异常分娩母牛时，发现其产道内仅有两条腿，继续往前摸不到头部即很可能发生倒生。在胎儿个头较小的情况下，有些倒生是可以自然娩出的，比如双胎分娩的第二个胎儿常见为倒生。大部分的倒生需要进行助产，此时需要先判断产道开张情况，母牛进入第二产程(通常从破水开始算起)是否达到 1.5～2 h。如果母牛已经进入第二产程超过 1.5～2 h 应立刻开始助产，一开始就应稍斜向上进行牵拉；如果在拉拽过程中臀部卡位，就可以将胎儿做 90°左右的旋转，再尝试拉出，不可生拉硬拽(图 4-5)。

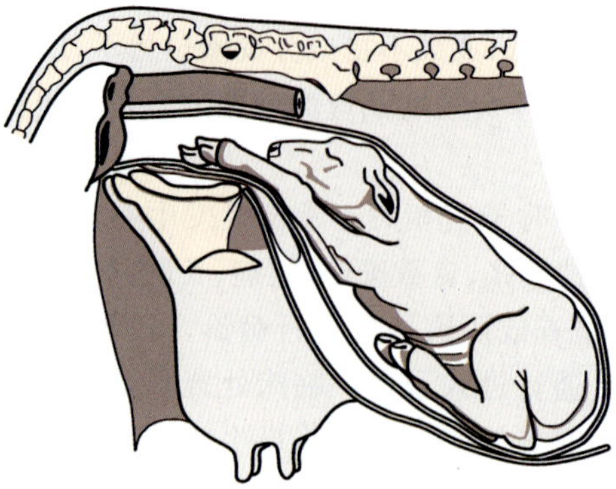

图 4-2 胎儿正常娩出姿势(蔡恩嘉 绘图)

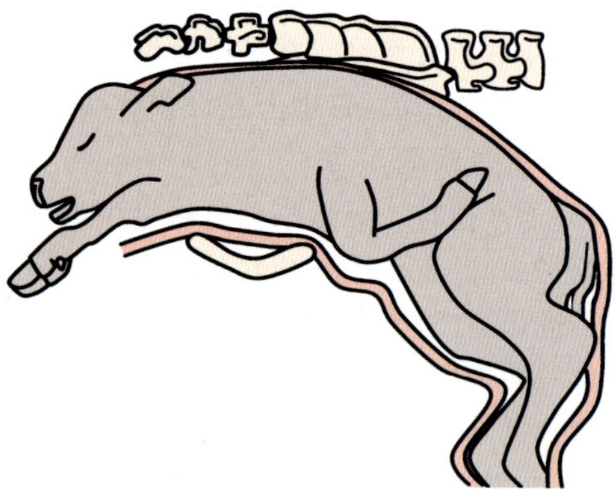

图 4-3 单侧前肢和头部进入产道(蔡恩嘉 绘图)

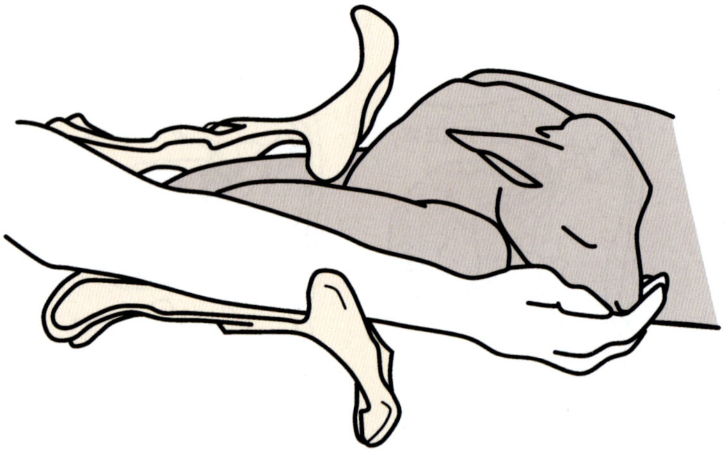

图 4-4 仅双前肢进入产道,头部未顺利进入(蔡恩嘉 绘图)

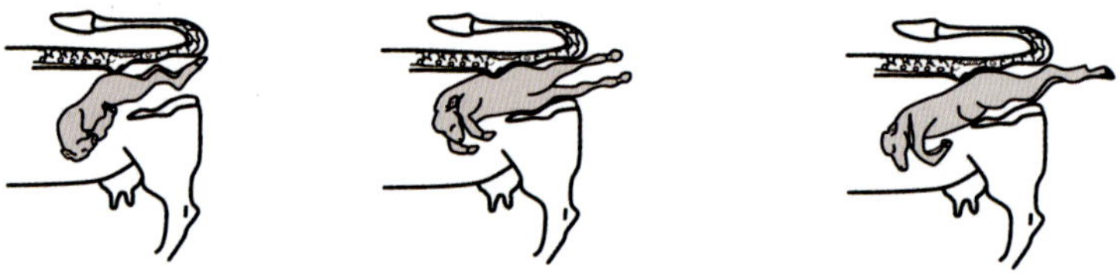

图 4-5 倒生助产可以先向上牵拉,随后将犊牛旋转 90°再继续牵拉(蔡恩嘉 绘图)

(6)关键部位卡顿 难产也可能见于一些关键部位的卡顿。在临床上常见的卡顿有前肢肘关节卡顿、头部卡顿、肩部卡顿和髋关节卡顿。前肢肘关节卡顿是指临床上发现前蹄和头部同时从外阴可见,但长时间分娩无进展。这时需要将犊牛用力往回推,同时适当牵拉前肢调整为正常分娩姿势(图 4-6)。头部卡顿常见于头胎产犊的青年母牛,肌肉松弛或相对犊牛个头来说外阴部过窄。在临床上,当分娩进展到鼻部完全出来后,眼睛或眉骨通过外阴处时,长时间无进展,助产者应先在犊牛头部和阴道之间尽量多地添加润滑剂,随后将手插入犊牛头部和外阴壁之间,缓慢帮助犊牛头部通过外阴,避免外阴部出现撕裂伤。在临床上,为产出活胎,外阴部特别窄小的母牛可以考虑实施外阴侧壁切开术,但术后的护理和恢复较困难(图 4-7)。在助产时，有时会出现犊牛肩部卡顿于母牛骨盆口的情况，犊牛头部通过外阴没有问题，但是牵拉时阻力非常大。此时，应注意不要将双侧助产绳同时牵拉，可以左右交替牵拉来使犊牛肩部更容易通过母牛骨盆口（图 4-8）。髋关节卡顿最常见于倒生的犊牛，也见于一些正生，个头过大的犊牛也可能出现髋关节卡顿。由于母牛的骨盆口外形大致为竖立的卵圆形，而犊牛的髋部大致呈平卧的椭圆形，在通过时容易卡顿。助产到犊牛肩部已经从外阴出来后，牵拉阻力明显增大时可能是出现髋关节卡顿的情况，此时应避免生拉硬拽，而是先将犊牛身体做 90°的旋转后，再进行牵拉（图 4-9）。

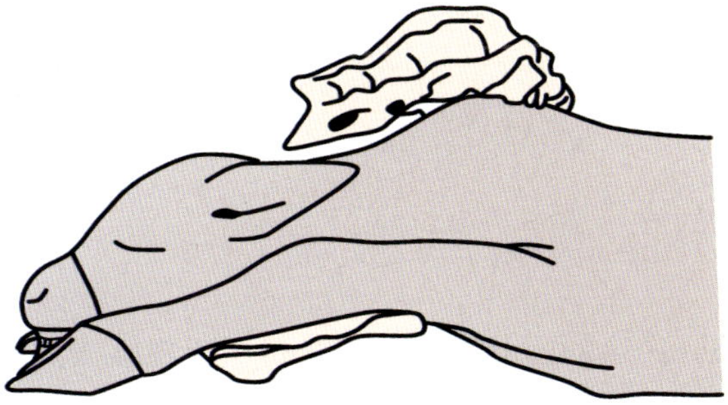

图 4-6　肘关节卡顿（蔡恩嘉　绘图）

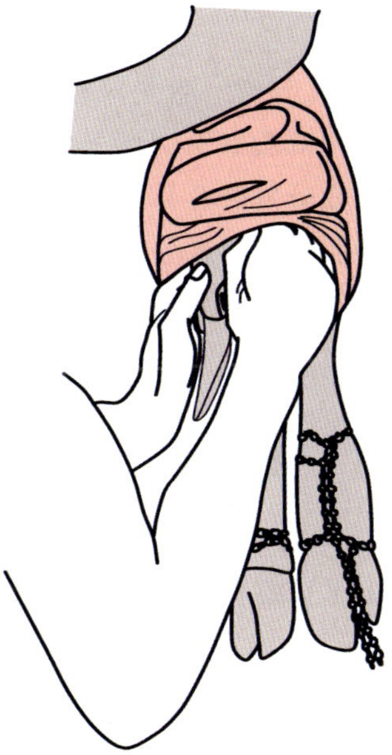

图 4-7　头部卡顿的处理（蔡恩嘉　绘图）

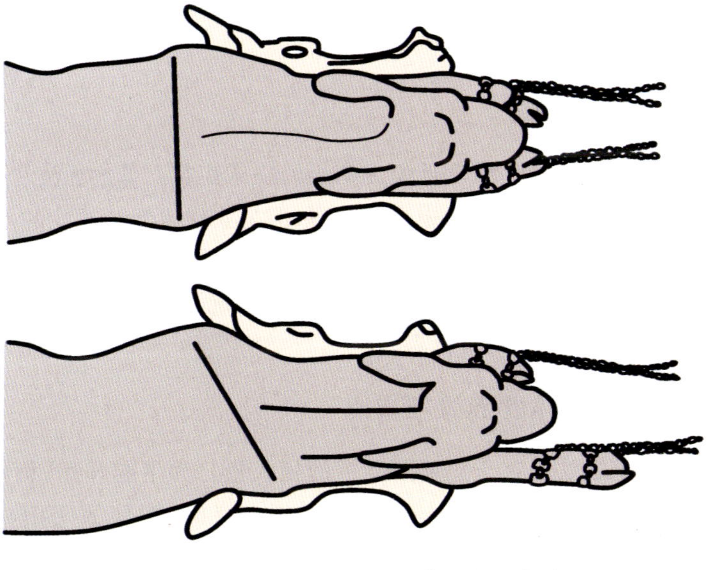

图 4-8　肩部卡顿的处理（蔡恩嘉　绘图）

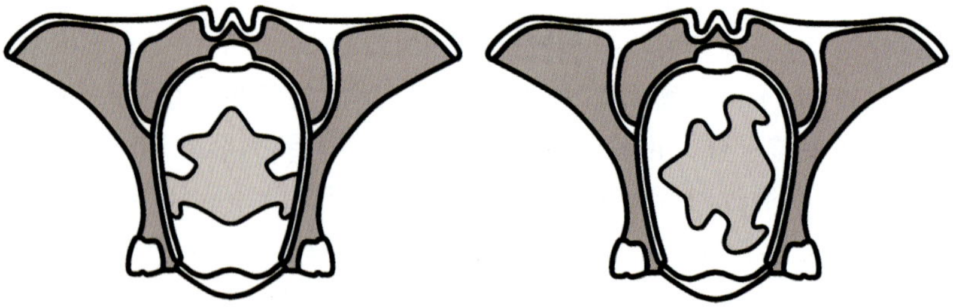

图 4-9 分娩时的髋部卡顿的处理(蔡恩嘉 绘图)

(7)胎儿异常 胎儿异常的原因包括双胎妊娠、畸形胎儿和胎儿死亡等。有 1%～2%的概率会出现双胎妊娠的情况,在奶牛上这个比例可能更高。双胎妊娠通常会导致难产问题。畸形胎儿在分娩时容易因卡顿、姿势异常等原因导致难产,需要通知专业兽医来进行诊断和处置。一些胎儿在临近分娩时会由于各种原因出现提前死亡,使母牛的分娩启动机制以及母牛自身健康状况等受到影响,易发生难产。临床上可以根据娩出胎儿的情况来大致判断胎儿死亡发生的时间长短。

4.3 低钙血症(产后瘫痪)

4.3.1 临床低钙血症的阶段划分

临床低血钙是指血清钙水平较正常值(8.6～10.0 mg/dL)降低较多,母牛出现临床症状,一般分以下几个阶段。

(1)第一阶段 急性发作,母牛肌肉僵硬、震颤、步态蹒跚、体温下降小于 0.5 ℃。

(2)第二阶段 恶化迹象,母牛出现共济失调、起卧困难和知觉减弱。

(3)第三阶段 母牛出现犬卧、头偏向一侧、逐渐失去知觉。

(4)第四阶段 母牛麻痹、昏迷、侧卧、四肢伸直。

4.3.2 亚临床低钙血症

亚临床低钙血症定义为血清钙浓度低但无明显的临床症状。低钙血症母牛不一定会卧地不起。虽然产后瘫痪的发病率在养殖场中已经下降,但是亚临床低钙血症的发病率仍然很高。产后瘫痪的低发病率可能掩盖了潜在的亚临床低钙血症问题。为了确定牛群中亚临床低钙血症的患病率,可在母牛产后检测其血清钙浓度。在理想情况下,应在产后 12～24 h 采集其血样,一般此时母牛的血清钙浓度达到最低点。

4.3.3 低钙血症的群体营养管理要点

预防低钙血症的传统方法是在干奶期限制钙的摄入量。为了起作用,饲粮中的钙必须降至极低水平(即每天钙摄入量低于 20 g)。在控制低钙血症时,饲粮的阴阳离子平衡值比钙的摄入量更重要。饲粮中钠或钾含量相对较高会增加低血钙症的风险,而饲粮中氯化物或硫酸盐含量相对较高则可降低低血钙症的风险。相对于氯化物和硫酸盐而言,钠和钾含量相对较高会对母牛产生碱化效应，从而降低其对甲状旁腺素（PTH）的反应，发生低钙血症时，该激素可增加骨钙动员，增加肠道的钙吸收，并降低尿液中钙的排出。也有通过向饲粮中补充阴离子盐或包含无机酸（盐酸）的饲料成分来添加额外的氯化物和硫酸盐的做法。临产牛饲粮中补充镁也能降低低钙血症的风险。镁对 PTH 的分泌是必需的，并可增强组织对 PTH 的敏感性。

4.3.4 新产牛补钙的必要性

母牛分娩后开始泌乳，每千克初乳中含 2.3 g 钙，这需要从饲粮中摄取 4.0 g 钙。对于高产牛来说，需要大量钙进入初乳并随初乳排出；同时在分娩的过程中，母牛长时间努责，消耗了大量的钙。母牛产后短时间内不能充分调动体内储备的钙来适应迅速增加的钙需求，3 种因素的综合影响，最终引起母牛体内血钙浓度迅速降低。严重缺钙可导致出现临床症状即产后瘫痪。为使母牛群中的低血钙牛比例最少，有必要额外增加口服补钙。已有实验表明，口服补钙可使大量钙质快速入血。因此，产后使用补钙的产品补钙是牧场最简单高效的补钙方案。

4.3.5 临床低钙血症的治疗

（1）静脉输液补钙　静脉输液补钙可将血钙浓度迅速升至极高水平，并导致潜在的危险，母牛可能会丧失对钙的自我调节能力。即使采用静脉输液补钙治疗成功的母牛，在 12～18 h 后通常会复发。在少部分病例中，静脉输液补钙给药可能导致致命的心脏毒性并发症。但对于低钙血症已经卧地不起的母牛，则需静脉注射补钙。卧地不起母牛会迅速发生不可逆的肌肉-骨骼损伤。在这种情况下，迫切使母牛站立的需求已经超过了静脉输液补钙给药引起的潜在危害。

（2）口服补钙　口服补钙对最大限度地降低牛群低钙血症具有若干优势：首先，可以针对风险最高的母牛；其次，不会像静脉输液补钙一样产生心脏毒性的风险；最后，口服补钙不干扰母牛维持正常血钙浓度的正常自我平衡机制。口服补钙的产品可使用多种钙源。口服补充剂中的钙源极大地影响了钙吸收和血钙反应。氯化钙维持血钙浓度的能力最强，可归因于其钙溶解度高，因此，钙的生物利用度高。氯化钙可对母牛产生酸化反应，使母牛从其骨骼中调动更多的钙。尿液 pH 降低表明其对母牛产生了酸化反应。为了帮助降低低钙血症的复发风险，在静脉输液补钙成功治疗后，可投服某些钙棒类商用产品（如某公司的博威钙®）。在母牛可站立、机警并能够吞咽的情况下，给予第 1 颗钙棒产品，12 h 后再给予第 2 颗产品即可。

4.4 乳腺炎

4.4.1 乳腺炎对繁殖母牛的影响与危害

乳腺炎是引起母牛生殖机能失调的众多原因之一。本病不仅减少母牛产奶量，而且会影响后期繁殖性能，导致空怀天数、产犊间隔、配种次数等指标都受到不利影响，严重影响繁殖母牛的生产性能。

乳腺炎会导致母牛产后子宫收缩机能减弱，从而减慢了子宫复旧，延长牛再次发情的时间。此外，母牛发生乳腺炎之后机体在清除细菌感染过程中产生的细胞因子和炎症介质会对发育卵泡产生影响，导致雌激素的生成受阻，进而影响卵泡的发育和成熟，并通过影响一种促性腺激素——黄体生成素（LH）有效峰值的形成而影响动物排卵，导致牛的繁殖性能受到严重影响。此外，乳腺炎带来的疼痛也会严重影响母牛的采食量，进而影响机体代谢，进而加剧产后机体能量负平衡，这同样会影响卵泡发育成熟，进而降低后续繁殖性能表现。

研究表明，发生过临床乳腺炎的牛群出现不规则发情周期的概率比正常牛群高 1.6 倍；发情率仅为正常牛群的 1/3，其雌激素水平、LH 峰值出现和排卵状况与正常牛群相比，更不利于繁殖；在妊娠的头 45 d 发生乳腺炎的母牛，在接下来 90 d 内的流产概率比正常母牛高 2.7 倍；发生临床乳腺炎的母牛的平均空怀天数为 140 d，显著高于正常母牛的 88 d；人工授精前发生临床乳腺炎导致平均空怀天数为 119.1 d，人工授精后发生乳腺炎牛平均为 141.7 d，均高于正常牛的 94.1 d；首配之前发生乳腺炎的母牛平均首配天数为 95.2 d，显著高于健康牛的 75.9 d；乳腺炎还会显著影响受胎率，且随着严重程度升高，受胎率分别下降约 30%（轻度乳腺炎）和 50%（中/重度乳腺炎）；相对于受胎率下降而言，其直接结果就是每次妊娠输精次数增加。多项研究表明，配种前发生乳腺炎导致每次妊娠输精次数由 1.8 次升高到 2.1 次，而配种后发生乳腺炎的母牛该指标会升高到 3.4 次。

4.4.2 发病机理

繁殖母牛乳腺炎的发病原因较多，直接原因是各种微生物感染。环境中存在的多种微生物都可以成为乳腺炎致病菌。一旦母牛受到物理、化学刺激后，乳头出现损伤，或机体抵抗力降低，微生物侵入乳腺引发感染。牛舍卫生状况差、湿度大，易于病原微生物生长繁殖，更多粪污的接触会增加乳腺炎感染的风险。养殖场地面有灌木丛或木桩、水泥柱等障碍物和杂物，可能会导致乳房受外伤而引发乳腺炎。牛舍的结构与乳腺炎的发生也有关，环境温度过高或过低、湿度过大、通风不良、粪污不及时清理、垫料不及时更换等不良因素均有影响。尤其是夏季，如果环境卫生管理不到位，极易造成乳腺炎高发。

繁殖母牛分娩后，也有可能因为犊牛的撕咬，导致乳头破裂感染而出现乳腺炎。妊娠期的母牛发生乳腺炎后，肉眼可观察到乳房红肿，用手触摸发硬，且母牛有疼痛感。分娩后的繁殖母牛在哺育犊牛时，因为乳房疼痛，会拒绝犊牛吮乳，时间一久，乳汁在乳房内聚集会导致乳房肿胀，乳腺炎可能会进一步加重。

4.4.3 治疗与预防

应用抗生素治疗是最常见的方法。由于导致乳腺炎的病原菌较多，药物最好选用广谱抗生素，或选用复合抗生素，增大药物抗菌谱提升治疗效果。乳腺炎的预防措施主要包括环境卫生、营养管理、分群管理等方面。繁殖母牛饲养的环境可能差异很大，从农户散养，到小规模舍饲，到集约化饲养的形式都可能存在。无论哪种饲养形式，尽量保证牛群生活环境的温湿度、卫生和通风良好，保持牛体和环境清洁是最简单也是最有效的预防措施。

良好的营养管理可以提高母牛免疫力，从而达到预防乳腺炎的发生或是减轻乳腺炎症状的效果。对于繁殖母牛来说，改善饲料成分，补饲微量元素可能起到一定效果。妊娠期或分娩后的母牛要在饲料中增加较多的蛋白质和维生素摄入。妊娠后期和分娩后可以给母牛清洗乳房。由于在发生乳腺炎之后，哺乳母牛拒绝哺乳，因此乳房内乳汁堆积情况比较常见，可以通过按摩顺便挤出乳汁，减轻乳腺炎的症状。

此外，保护牛群处于封闭状态，做好检疫工作，避免因牛只的引进带来新的传染源。定期进行乳腺炎普查，检查乳房的形态，检查奶中是否存在如凝块、絮状物或水样奶，及时发现乳腺炎并及早治疗。发现乳腺炎的病牛需要及时隔离并积极治疗。病情严重、久治不愈的病牛应及时淘汰，切断乳腺炎的传染源。

5 犊牛疾病及其防治

内容提要：

本章介绍了3种常见犊牛疾病：犊牛腹泻、犊牛肺炎和球虫病。从发病原因、临床症状、防治措施等方面进行了重点论述。在生产实践中，对于如何通过有效管理降低犊牛发病率，本章会给生产者提供一定的参考。整体而言，预防和控制犊牛疾病的关键是保持良好的环境、提供合适的营养、避免过多的应激、保证摄入初乳的质和量以及合理使用药物和疫苗等。

5.1 犊牛腹泻

新生犊牛腹泻比较常见。急性病例的特征是渐进性脱水和死亡，有的在出生12 h之内即发生死亡。亚急性病例可表现为腹泻持续数日，因此导致营养不良和消瘦。

5.1.1 病因

腹泻是一种临床症状，犊牛腹泻常与多种病原体感染有关。常见的病原包括大肠杆菌、沙门菌、产气荚膜梭菌、轮状病毒、冠状病毒、球虫和隐孢子虫等。此外，当犊牛饲喂大量牛奶或饮用不适当的代乳粉时，也可导致稀便。相关感染性因素对于犊牛的感染日(周)龄如下：①大肠杆菌：1～5日龄；②产气荚膜梭菌：2～10日龄；③沙门菌：1～4周龄；④轮状病毒：1～4周龄；⑤冠状病毒：1～6周龄；⑥牛病毒性腹泻病毒：2～6周龄；⑦隐孢子虫：1～6周龄；⑧球虫：大于3周龄。

从发病机制来说，犊牛腹泻通常与小肠疾病以及肠道分泌过多或吸收障碍相关。从流行病学上来说，发生腹泻经常涉及3个方面的因素：犊牛的出生和成长环境、母牛和新生犊牛、病原体。

5.1.2 腹泻类型及诊断

1. 大肠杆菌感染

大肠杆菌是引起犊牛腹泻最主要的细菌，主要是肠产毒素型大肠杆菌(带有K99或F41菌毛)，临床症状表现为新生犊牛严重腹泻、脱水、虚弱、死亡。此病多见于3～5日龄以下的犊

3. 给母牛或犊牛接种疫苗以增加幼畜的特异性免疫力

在疫苗种类齐全的国家，如美国和加拿大，理想的做法是在母牛分娩前接种大肠杆菌、产气荚膜梭菌、轮状病毒和冠状病毒疫苗，以便可通过初乳给犊牛提供一定的免疫力。需要评估牛群疾病史及疾病风险之后推荐某一特定疫苗。另据报道，母牛可在分娩前 6 周和 2 周分别接种针对肠产毒素型大肠杆菌的疫苗，抗体可通过初乳传递给犊牛。在犊牛出生后极短时间内可以口服预防大肠杆菌 K99 感染的单克隆抗体。发病高峰期，初乳中病毒疫苗产生的抗体不能产生足够的保护。可给予犊牛预防轮状病毒、冠状病毒腹泻的口服疫苗（仅在出生后 4～6 h 内投喂有效）。我国目前尚无这些疫苗。

4. 注重生物安全，预防人兽共患

①一些传染源如鼠伤寒沙门菌、大肠杆菌和隐孢子虫，对人也有致病性，应注意保护易感人群（儿童、老年人、孕妇和免疫系统失调者等）。

②应及时处理患病犊牛及其饲料和垫草。

③管理腹泻犊牛的工作人员应穿专门的防护服和靴子，彻底洗手及清洁设备。

5.2 犊牛肺炎

5.2.1 概述及病因

肺炎是上呼吸道（鼻咽、气管、支气管）感染向下移行，或因肺部的保护机制失效造成的，是多种病原体、宿主、环境（应激）之间相互作用的结果。任何年龄的牛都可能感染肺炎，但犊牛最为常见（通常是最致命的），尤其是 2～10 周龄的犊牛，此时来自初乳的抗体免疫力衰减，犊牛自身的免疫力还未发育成熟。

恶劣的天气、极端的温度变化、断奶、运输、过度拥挤、不同来源的动物混群、其他疾病（犊牛腹泻）和营养消耗都会降低动物的免疫力。被尿液和粪便污染的垫料会散发氨气刺激呼吸道，为条件致病菌提供可乘之机。烟和灰尘的刺激也会严重损害呼吸道黏膜，导致感染。

导致肺炎的大多数病原体存在于环境中，许多正常牛的上呼吸道携带一种或多种细菌而不会生病，这些病原体可能会进入肺部，但通常会被动物的免疫系统清除或灭活。一些病毒病原体可能会破坏气管黏膜，或破坏支气管内细小的丝状纤毛（帮助清除有害物质）而诱发感染。病毒往往会降低黏膜的抵抗力，使细菌得以入侵。原发性病毒性肺炎一般症状轻微，若无细菌继发感染，一般不经治疗就会痊愈。通常有病毒先抑制免疫系统，破坏气道内壁，紧接着细菌入侵，造成更严重的感染。涉及的病毒主要有：牛传染性鼻气管炎病毒（IBRV）、牛呼吸道合胞体病毒（BRSV）、牛副流感病毒 3 型（PIV-3）。严重的肺炎通常会涉及细菌感染，如睡眠嗜组织菌、链球菌、支原体、衣原体，然而最常见的是巴氏杆菌，包括溶血曼氏杆菌和多杀性巴氏杆菌。溶血曼氏杆菌存在于正常牛的鼻窦内，如果气管内壁的纤毛被病毒破坏，其很容易进入肺引起肺炎。

在某些情况下，BRSV 也可以造成严重肺部感染。BRSV 破坏纤毛和呼吸系统的一些细胞使动物更容易受到其他病毒或细菌的感染。断奶或运输的应激使犊牛更容易感染 BRSV。应激性肺炎是由巴氏杆菌引起的，可能不需要病毒诱发。当昼夜温差过大时，由巴氏杆菌导致的肺炎增多。

犊牛在出生时如果摄入了足够的初乳，会得到抵抗某些病原的被动免疫保护。初产母牛的初乳抗体相对较少，其犊牛对肺炎的抵抗力相对较弱。此外，应激会减少初乳抗体进入血液循环的数量。

5.2.2 临床表现及诊断

患有肺炎的犊牛通常精神萎靡，耷拉耳朵，伸头，弓背；离群，食欲不振（尤其是断奶后和1岁龄的犊牛）；呼吸速率增加；发热（直肠温度>40.0 ℃）；1岁龄的犊牛可能有鼻、眼分泌物，咳嗽，口角结痂，步态僵硬（图5-2）；可能长时间躺卧，或因疼痛而动作迟缓。在严重情况下，病牛呼吸困难，当空气从受损的肺中排出时，其会张口呼吸或发出咕噜声。身体发热代表其正在跟病原体“做斗争”。

图5-2 患肺炎犊牛，可见鼻分泌物明显增多（李靖 供图）

一些急性病毒性肺炎病例在几小时内就会致命，但许多非复杂性病毒性肺炎病例若无继发性细菌感染通常在4～7 d内会痊愈。在一些细菌性肺炎病例中，当细菌死亡后，细胞壁破裂产生内毒素，该毒素随着血液循环流动，不仅对肺部造成损害，而且对其他器官也会造成不良影响，甚至危及生命。心率可能快而微弱，呼吸频率快而浅，鼻孔和牙龈通常呈粉红色。如果不立即治疗，动物会很快死亡。

体温变化是诊断时很好的辅助指标，做出诊断的最佳方法是测量疑似牛的体温。

1. BRSV肺炎

（1）临床症状　犊牛初次感染该病毒将引发严重的呼吸系统疾病，再次感染仅引起较轻的或亚临床疾病，容易继发细菌感染。牛从鼻和眼分泌出水状至黏稠的黏液。食欲减退，出现轻度沉郁。突然死亡可能是BRSV感染的关键症状。如病情发展，牛可能会出现干咳并伴有呼吸困难，频繁张口呼吸，唾液可能有泡沫和血液。发病率高，死亡率在20%以下。

（2）诊断　体温升高（40～42.5 ℃），呼吸频率增加（大于40次/min）。感染牛频繁出现在水槽附近，但由于呼吸困难出现饮水困难。临床病程可持续1～2周。

BRSV的确诊需要通过实验室诊断。在潜伏期或急性期取样可以增加病毒分离的概率。

2. 溶血曼氏杆菌肺炎

（1）临床症状　犊牛感染溶血曼氏杆菌的首要临床症状不明确，仅限于轻微的沉郁和缺乏食欲。随着疾病迅速发展，犊牛拒绝采食，变得沉郁，低头耷耳，鼻分泌物增多，从稀薄透明变为黄色、黏稠。体温高至 42 ℃，呼吸急促、费力。患病牛的肺脏最常分离出血清型 1 型和 6 型溶血曼氏杆菌。疾病早期可观察到咳嗽，随着肺脏损伤增加，咳嗽和呼吸变得越来越疼痛。

如果病程继续发展，肺脏损伤呈不可逆变化，体温低于正常，动物通常会死亡。常见于处于高应激状态感染的犊牛，或处于巨大应激如近期运输的牛。

(2)诊断　通过来自肺部的细菌培养和典型的病变可以确诊(图 5-3)，也可检查肺中常见的病毒病原体，如 IBRV、BVDV、BRS 或 PI-3。

可在尸检后采集肺脏样品用于培养。尽可能从未进行过抗生素治疗的动物上采集样本。

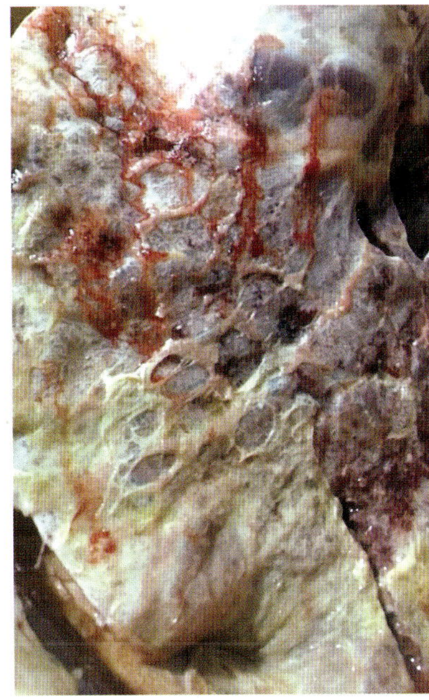

图 5-3　溶血曼氏杆菌肺炎剖检图
(宋荣渊　供图)

3. 多杀性巴氏杆菌肺炎

(1)临床症状　多杀性巴氏杆菌也是细菌性肺炎的一个重要原因。主要表现为精神沉郁，发热(40～41 ℃)，鼻分泌物从浆液性变为粘脓性，湿性咳嗽，可观察到快速的浅呼吸。肺区听诊支气管呼吸音增强，发出捻发音和喘鸣音。

(2)诊断　诊断依赖于细菌培养。由于涉及的细菌是上呼吸道正常的“寄居者”，可以通过气管拭子、气管冲洗、支气管肺泡灌洗收集临死前的下呼吸道标本，这样可以增加培养的特异性。多杀性巴氏杆菌易引起化脓性支气管肺炎，可见少量的纤维蛋白渗出、血栓、局部肺坏疽、化脓性支气管炎或细支气管炎(图 5-4)。

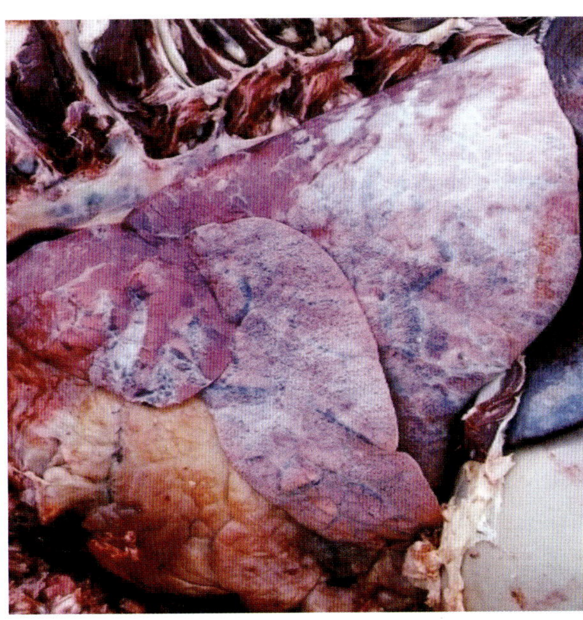

图 5-4　肺脏出血并伴有大理石样病变(宋荣渊　供图)

可在尸体剖检时采集肺样本。用于细菌培养的样本应尽量从未经抗生素治疗的动物上采集。

4. 支原体肺炎

(1)临床症状　牛支原体与犊牛的中耳感染、围栏肥育牛的多发性关节炎、所有牛的肺炎相关。在呼吸道疾病中,它被认为与病毒和其他细菌有协同作用;在无肺炎的犊牛呼吸道中分离得到支原体,有呼吸道疾病的牛分离到的概率更大。

(2)诊断　肺脏病变显示出大量聚集的脓肿,浅褐色,淡黄色,前腹侧更显著(图 5-5)。支原体培养要求特殊的培养基和条件,培养可能需要 1 周或更长的时间。

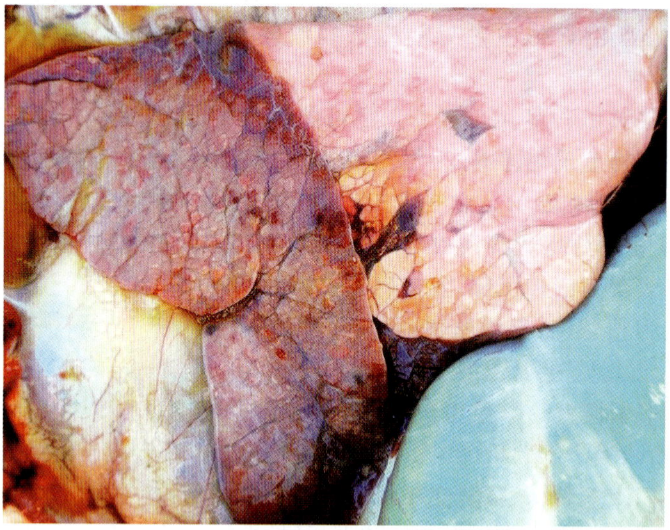

图 5-5　牛支原体肺炎剖检图(宋荣渊　供图)

5.2.3　治疗措施

抗生素治疗病毒性肺炎效果不佳,但患有病毒性肺炎的犊牛都应当使用抗生素以预防继发细菌感染。使用长效、广谱抗生素例如磺胺二甲嘧啶、土霉素或兽医制定的处方药例如替米考星、氟苯尼考、头孢霉素或者泰拉霉素。使用这些长效药物治疗 1～2 次即可,减少重复治疗造成的应激。需要注意替米考星(对一些常见细菌引起的肺炎非常有效,只能皮下注射。其在肺部可维持高浓度长达 3 d)有一些安全隐患,若不慎注射到人体可能产生致命后果。所有新一代的药物购买时都需要处方,并且未经兽医允许不许使用。不要给脱水的动物服用磺胺,否则可能会对肾脏造成不可逆的、致命的损害。

良好、尽早、细心的护理和支持治疗也很重要。给犊牛提供温暖、干燥的环境,可将犊牛转移进入加温圈舍,或放在加温灯下。犊牛同样需要大量能量。若犊牛无法自主进食,必须强制饲喂。给予二甲基亚砜(DMSO)缓解呼吸困难,二甲基亚砜能够减少犊牛肺脏内积液并对抗水肿和炎症。DMSO 同样带有抗生素的属性。每 45 千克体重使用 2 mL 在注射器中与少量温水混合并喷洒到犊牛口中。与温水混合可使其在寒冷季节保持液态,不要将 DMSO 沾到皮肤上。

治疗患肺炎的犊牛时,减少其疼痛并降低其体温,犊牛将会感觉好转并迅速开始哺乳和采食，补充所需要的液体和能量。一个非常有效的药物是氟尼辛葡胺，用于治疗腹痛。它可以缓解疼痛、发烧、炎症、咳嗽、呼吸急促、不适、肺部阻塞及肺部疤痕组织的形成。可经兽医开其处方并进行肌内注射。

抗生素治疗需谨慎。当应对严重肺炎时，不要很快使用。保证犊牛接受抗生素治疗最少2 d直至所有症状消失并且体温恢复正常。复发后可能更加难以治疗，挽救犊牛概率大大降低。坚持是应对肺炎最好的武器。

5.2.4 预防措施

1. 应激最小化

应激因素包括劳累、饥饿、干渴、粉尘、断奶、去势、去角、分群、混群、不必要或虐待性的处置、天气骤变、寄生虫、卫生条件恶劣、氨气聚集及焦虑等。可以通过断奶前30 d免疫及处置犊牛，避免极端天气下处置、转运牛只，维持良好的处置设施，确保牛只在安静轻柔的环境下进行各项操作。在恶劣的天气下，提供充足的垫草和遮阴区域，并确保犊牛在出生后6 h内获得充足的初乳。应避免迅速改变饲粮结构，逐步添加高能量饲料，以防止消化紊乱（胀气、酸中毒、超负荷），抑制机体的免疫应答。

2. 疫苗接种

接种疫苗可以尽量减少疾病在动物之间的传播，并减轻疾病的严重程度。在母牛产前3～4周接种呼吸道病毒疫苗和细菌疫苗。购买的犊牛应接种疫苗，可以使用多种疫苗组合，并在应激事件（如断奶或运输）发生前至少3周接种。可用的疫苗有多杀性巴氏杆菌灭活疫苗，BVDV、IBRV二联灭活疫苗，IBDV灭活疫苗，牛副伤寒灭活疫苗，牛曼氏杆菌灭活疫苗等。

5.3 球虫病

5.3.1 概述

球虫病是由破坏肠道内壁的原生动物引起的，可造成严重的带血腹泻。已从牛粪中分离出12种艾美耳球虫，仅3种与临床球虫病相关，在试验条件下，其他仅表现轻度到中度的致病力。球虫病多发生在幼龄牛（1～2月龄至1岁龄）身上，在潮湿季节呈散发特点。球虫病的潜伏期从犊牛摄取卵囊开始，一直持续到腹泻发生，一般为17～21 d。该病可能暴发于犊牛出生后第1个月。

动物针对一种球虫形成的免疫力并不能抵御另一种球虫，因此一头犊牛可能因感染不同种类球虫发生多次腹泻。当犊牛长到6月龄时，大多数都暴露在病原体中，尽管只有2%～5%的犊牛表现出临床症状。长期以低剂量方式接触球虫可使犊牛建立免疫能力，但对球虫缺乏免疫力或没有形成免疫力的犊牛暴露于高剂量球虫或处于应激状态（干旱、寒冷或潮湿的天气，断奶和运输等）就容易发生腹泻。

球虫生命周期（21～28 d）：牛一旦摄入含有球虫孢子的卵囊，卵囊就会释放出孢子；孢子侵入肠道内的细胞，破坏细胞结构，并在成熟为成虫时转移至新的细胞；球虫从小肠转移至大肠，在大肠性成熟并产生新的卵；虫卵随牛的粪便进入环境，逐渐发育成有硬壳的卵囊；球虫卵囊在粪便、牧草和饲料中都可以生存(图 5-6)。

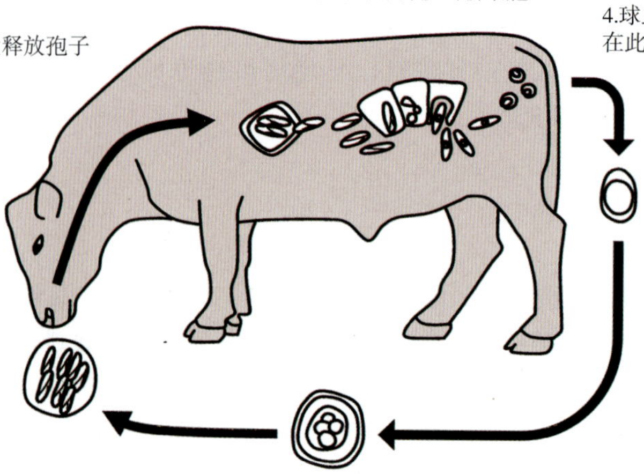

图 5-6 球虫生命周期(蔡恩嘉 绘图)

5.3.2 临床表现及诊断

球虫病最典型的临床表现是慢性和亚临床型疾病。由球虫引发的腹泻一般发生于 3 周龄以上的犊牛，因此，小于 3 周龄的新生犊牛腹泻可不考虑球虫感染。

发生腹泻的犊牛可见生长发育受阻，排泄物沾满会阴部。轻度感染的牛外观健康，排出的粪便有虫卵，但饲料利用率下降。球虫病典型的临床症状是水样粪便，很少或没有血液，病牛轻微不适，可持续数天。严重感染的牛比较少见，但会出现瘦弱、血便(可能持续 1 周以上)里急后重，或带有血条、血块、上皮细胞碎片和黏液的稀薄粪便，进一步发展可能出现发热、沉郁、脱水和体重下降等症状。急性期内，有些犊牛会死亡，其他的病牛可能会死于继发感染(如肺炎)。重症且存活的犊牛体重明显减轻，可能留下永久性发育障碍。

一些出现急性临床症状的犊牛可见明显的神经症状(如肌肉震颤、感觉过敏、头颈部屈曲的阵挛性、强制性惊厥、眼球震颤等)，常见于冬季严寒地区。可于 24 h 之内死亡，或存活数日，在此期间常常侧卧，并伴有轻度角弓反张。

根据粪便漂浮法、直接抹片或麦克马斯特计数检测出虫卵进行诊断。同一栏内采集至少 5 头犊牛粪便进行虫卵计数，有助于确定球虫病。鉴别诊断包括沙门菌、牛病毒性腹泻、营养不良及其他肠道寄生虫。球虫病通常不易诊断，可用显微镜检查粪便样本中是否有卵囊，在粪便中发现卵囊并不一定意味着犊牛球虫病，许多正常犊牛也会排出少量的卵囊，这其中且有几种球虫是不致病的。粪便样本必须根据动物的病史和症状进行分析。建议采集多头犊牛样本提高诊断准确性。

5.3.3 治疗措施

在球虫病症状轻微的情况下，病牛可能会出现腹泻和体重增长不佳，但粪便中没有血。亚临床病例可能生长不良但无腹泻。大多数亚临床病例仅持续 2～3 周，在此期间消化道受到刺激，阻碍饲料吸收。此后，犊牛建立免疫，摆脱感染，但可能通过粪便持续排出一些卵囊。

通常犊牛肠道内存在处于生命周期不同阶段的几代球虫，经过一段时间后，免疫系统可产生抵抗力。长时间的腹泻也可能意味着犊牛同时患有细菌、病毒感染或广泛的肠道损伤，需要很长时间恢复。

球虫病是自我限制性疾病，症状在数周后自行终结，但也可能再次发生感染。临床中一旦暴发球虫病，需要立即隔离感染动物，给予药物和支持性治疗。牛群中的所有犊牛都应该接受治疗，即使它们未表现临床症状。为预防球虫病，国际上使用的药物包括安普罗利（每千克体重 10 mg/d，连用 21 d）、地考喹酯（每 45 千克体重 22.7 mg/d，连用 28 d）、拉沙洛西钠（每千克体重 1 mg/d 至每头每日最大量 360 mg）以及莫能菌素[100～360 mg/（头 · d）]等。

大多数药物只是对球虫生长的早期阶段有抑制作用，阻止它们繁殖。临床用于治疗感染动物的药物主要有磺胺喹恶啉（每 0.45 千克体重 6 mg/d，连用 3～5 d）、安普罗胺（每千克体重 10 mg/d、连用 5 d）。磺胺喹恶啉特别适用于到达育肥场后发生血性腹泻的断奶犊牛，还可防止细菌继发感染。临床中持续性腹泻可能造成直肠脱垂。如果脱出，可按照如下步骤复位。

①用温水和温和的消毒剂清洗脱垂的组织。

②在直肠组织上涂麻醉药膏以减轻疼痛和张力。

③轻轻地将直肠向后推。

④用脐带线（粗棉线）缝 2～3 针穿过直肠开口，一定要把缝线固定在直肠周围的皮肤，留下粪便排泄的空间。

⑤在恢复后拆除缝线。

5.3.4 控制措施

目前，尚未有预防牛球虫病的疫苗。生产实践中球虫病比较难以控制。防控措施包括清洁环境、减少应激（如天气）、避免拥挤，也可使用球虫抑制剂。

在牛群对球虫产生免疫力时，应避免过度拥挤；产犊区或产房应有良好的排水设施，且尽量保持干燥；确保粪便不会堆积在幼龄犊牛以及易感动物暴露的区域附近，粪便需定期清理并做堆肥处理；在潮湿的天气牛趴卧的地方应勤换垫料，保持牛只的被毛或乳房不被粪便污染；料槽、水槽位置尽量加高，以免被粪尿污染；犊牛按体重大小分栏饲养，转群时采用全进全出制。

理想的抗球虫药能控制球虫的整个发育周期，而不影响动物的生产性能。饲料中按每千克体重添加磺胺类药物 25～35 mg，连续用药 15 d 或以上，可有效控制犊牛的球虫病。莫能菌素能有效抵抗犊牛球虫和促进犊牛生长。拉沙洛西钠和莫能菌素一样，作为聚醚类抗生素，都是反刍动物的有效抗球虫药。犊牛在 2～4 日龄时，将拉沙洛西钠混于犊牛代乳粉中可抗球虫。按每千克体重 1 mg 的添加剂量最有效，建议在球虫病暴发的紧急情况下使用。托曲珠利是一种广谱抗球虫药，按每千克体重单次口服剂量 15 mg，连用 14 d 以后，能有效预防球虫导致的腹泻。

6 放牧肉牛常见病及其防治

内容提要：

放牧肉牛的常见病包括营养缺乏症、瘤胃胀气、尿石症、创伤性网胃炎和中毒症等。其中，营养缺乏症和创伤性网胃炎是放牧牛饲养中最常见的问题。本章重点对营养缺乏症、瘤胃胀气、尿石症、创伤性网胃炎和中毒症等几种主要疾病的病因、临床症状、诊断治疗以及预防等进行介绍。通过本章的学习，肉牛养殖者能够掌握对上述放牧肉牛疾病的正确处置方法。

6.1 营养缺乏症

营养缺乏症在牧草丰盛的肉牛放牧季节表现不突出，但在冬、春季枯草期的放牧牛中表现得比较突出。除了矿物质和维生素营养供应的不平衡外，矿物质和维生素的缺乏也直接影响肉牛的健康，进而降低动物的生产性能。

6.1.1 矿物质缺乏症

放牧牛群的矿物质缺乏症主要包括钙缺乏症、磷缺乏症、碘缺乏症、镁缺乏症、硒缺乏症和铜缺乏症等。

1. 钙缺乏症

钙是肉牛体内含量最丰富的矿物质。与人类一样，钙对于牛的骨骼和神经组织的发育和维护至关重要。在许多放牧地区，鲜嫩的牧草中钙含量高达 0.5%～1%，肉牛通过放牧获得的钙一般足以满足其营养需要。但是，在一些情况下也会因钙缺乏而导致肉牛出现钙缺乏症。

(1)病因　牛在受干旱、季风、洪水侵袭的草地上放牧以及以基于谷物饲料饲喂的肥育牛及舍饲母牛，由原生饲料所提供的钙供给不足。如果饲料配制时不额外补充钙，就可能出现钙缺乏症。除此之外，饲料中维生素 D 不足，或饲粮钙磷比不合理，肉牛也可能会出现暂时性钙缺乏症。发生钙缺乏时，牛会出现低钙血症。长期低钙血症时，幼龄犊牛会出现佝偻病，成年牛出现骨软化症，产后母牛会出现产乳热等。

(2)症状

①佝偻病。低钙血症发生于犊牛导致佝偻病，患病犊牛在患病初期精神沉郁，食欲减退并

有异食癖，不爱走动，走路时步态拘谨，跛行；随病情进一步发展，出现多个关节肿大，特别是远端趾骨、掌骨、球节和冠关节，而肋骨与肋软骨连接处呈串珠状；胸廓变形，隆起，四肢长骨弯曲，拱背，且骨硬度降低，极易骨折；鼻腔狭窄，呼吸困难，牙齿咬合不全，口腔闭合不紧，咀嚼困难；营养不良，生长发育迟缓，贫血，被毛粗乱、无光泽，换毛延迟；有些病犊还表现出神经紧张、痉挛和抽搐等神经症状。

②骨软化症。低钙血症发生于生长牛和成年牛时，会导致骨软化症。这是一个慢性的过程，病初以前胃迟缓的症状为主，食欲时好时差，患有异食癖，常舔舐厩舍墙壁、地面的泥土、污秽的垫草、粪尿沟的粪水、铁器、木屑和石块等；不时地空嚼、磨牙或呻吟；喜卧，不能久站，四肢僵直，跛行；消瘦，虚脱，易骨折，特别是脊椎骨和腿骨易骨折。

③产乳热。生产后的母牛缺乏钙时，会引发产乳垫临床症状是渐进性的，初期表现为食欲下降，昏睡，随后表现为以飞节直立和站立，且向两侧摆出，行走时尤为明显；便秘，头与四肢肌肉震颤；有的病牛表现为感觉过敏，精神沉郁；最后发展为不能站立，共济失调，卧地不起，其中侧卧最为常见，有的俯卧，背部形成明显的“S”状弯曲，随后头置于肩部嗜睡；瘤胃和肠道蠕动停止，瘤胃胀气，瞳孔对光反射完全消失，最后由于呼吸肌麻痹而导致病牛死亡。

(3)治疗

①佝偻病。一是调整犊牛饲粮中钙磷比例至 2∶1，首选矿物质补料为骨粉，其次为石粉、磷酸氢钙等；二是大剂量补充维生素 D。

②骨软化症。一是调整饲粮结构，饲粮的钙磷比达至 2∶1。饲粮中钙不足的病牛可增加石粉（碳酸钙）、磷酸氢钙的供应。二是静脉注射 20%葡萄糖酸钙 50～100 mL，连续几天可获较好的疗效。三是对缺磷性骨软化症可用 8%磷酸钠注射液 300 mL 或 20%磷酸二氢钠注射液 500 mL 静脉注射，每天 1 次，3～5 d 为 1 个疗程，供应高磷饲料。四是为防止出现低钙血症，可静脉注射 10%氯化钙或 20%葡萄糖酸钙适量。

③产乳热。母牛出现产乳热症状时，需要尽可能缓慢地通过静脉补液补充 8～12 g 钙。用 30%硼葡萄糖酸钙注射液 400 mL 静脉输液，足以治疗中等体型的病牛。静脉输液后，必须使牛的胸骨朝地，以侧卧的姿势坐卧，并要翻转牛，使牛的另一面体侧卧于其适宜的地方。

(4)预防　最重要的预防措施是定期检查牛群血液中钙、磷含量，做好预测工作。日常要结合牛群生产类型和饲料的营养含量，合理配制饲粮，确保饲粮中钙磷含量满足动物生理需要，同时钙∶磷范围为(1.5∶1)～(2∶1)。无论钙磷比例如何，钙的摄入量都应大于钾的摄入量。如果牛摄入的钾多于钙，消化道吸收钙的能力就会降低。预防母牛产乳热的成功措施，是在产前饲喂阴离子型饲粮［饲粮阳离子-阴离子差(DCAD)为负值］。充足的维生素 D 供应对预防母牛产乳热也很重要。

2. 磷缺乏症

磷缺乏症也称低磷血症，是由饲料中原发性磷缺乏所引起。在自然条件下，饲料中的磷缺乏比较普遍。许多地区具有明显的磷缺乏的地理分布特征，必须以适当的方式给当地饲养的家畜补充磷。

(1)病因　磷缺乏通常是一种原发性疾病。在干旱时，牛在缺磷草地上放牧或舍饲期单纯饲喂磷含量较低的饲料，会诱发磷缺乏症。严重的维生素 D 缺乏可加重此病；饲料中钙含量过高可降低磷的利用率，从而引发磷的缺乏症。

(2)症状　长期缺磷的犊牛生长缓慢并患有佝偻病，生长牛发生缺磷性骨软化症和异食癖。成年牛食欲减退，采食量下降，体重减轻，繁殖力降低。发生异食癖的病牛啃食泥土，舔食砖块、石头、骨骼、玻璃等。因嗜骨癖使病牛喜欢啃食病死畜的骨头，往往会导致其因肉毒梭菌中毒而死亡。另外一种发生于母牛与磷缺乏相关的特殊综合征为母牛产后血红蛋白尿，分娩母牛多在分娩后1～4周内骤然排出赤褐-咖啡色的泡沫状血红蛋白尿，同时食欲减少，产奶量下降。病牛体质虚弱，步履蹒跚，黏膜苍白，溶血性贫血，心率加速，反刍和瘤胃蠕动减弱，粪便坚硬干燥。未得到及时救治的病牛会在2～5 d死亡。

(3)治疗　在去除致病性因素(如低磷牧草、饲料)的前提下，首选程序是输液法补磷，即将30 g磷酸二氢钠溶于200 mL蒸馏水中，静脉输液，同时在饲料中添加磷酸氢钙。严重贫血(红细胞比容值在10%以下)的病牛应输入5～10 L正常牛的血液是最有效的挽救措施之一。有条件的可多次输血。同时，静脉注射大剂量维生素C，并注射右旋糖酐铁作为支持疗法，有助于疾病的康复。

(4)预防　在磷普遍缺乏的放牧草场中，预防通过在精料补充料中添加磷。可考虑添加的磷源饲料包括骨粉、磷酸氢钙或磷酸氢二钠等，或让放牧牛舔食富含磷的舔块(舔砖)。每天从补充饲料中获得的磷数量至少为15 g。

3.镁缺乏症

镁缺乏的典型疾病是草痉挛症，其主要影响在青绿草地放牧的成年牛，这是由于动物血液和脑脊液(大脑和脊髓周围)中缺镁所致的代谢性疾病。草痉挛症有很多叫法，如草蹒跚症、草抽搐症、青草痉挛症、泌乳抽搐症、奶抽搐症、冬季抽搐症、低镁血症、运输抽搐症、冰草中毒症、燕麦草中毒症和大麦草中毒症等等。本病的主要特征是兴奋、痉挛，多发于在施用过多氮肥和钾肥的人工草地放牧的牛，在天然草场放牧的牛发生率很低。

(1)症状　患急性草痉挛的病牛突然惊恐不安，哞叫，乱跑，步态不稳，倒地并四肢强直，间歇性肌肉痉挛，牙关紧闭，口吐白沫，在2～3 h反复发作过程中因呼吸中枢衰竭而死亡。患慢性草痉挛的病牛的病情发展比较缓慢，痉挛发作的间隔时间较长；食欲差，四肢不灵活，头颈、腹部和四肢强直性痉挛，不能站立且呈角弓反张状，离群；体温38.3～39.4 ℃，流涎，持续性排水样软便，尿频，心率和呼吸加快；可视黏膜发绀，呼吸困难，心音浑浊不清。

(2)诊断　在寒冷多雨的初春和秋季，牛群在人工草场上放牧呈现出兴奋、痉挛等神经症状时，可怀疑本病。最终确诊还需要借助血镁含量(每100毫升低于1.0 mg)的测定结果。但急性草痉挛期间，时间根本不容许进行血液生化检测。必要时，治疗前采集血样进行血镁含量测定，以便在后期进行分析研判。当动物死亡时，应采用鉴别诊断，以区别引起死亡的其他原因。四肢有划桨样动作，蹄周有大量土被刨出，可强有力地表明牛患有急性低镁血症。脑脊液中镁含量的测定将有助于诊断，且病牛死后脑脊液中镁的含量通常比血清或肌肉组织的样本含量更具有代表性。因为血清或肌肉组织样本中的镁含量可能会在动物死亡时恢复正常。测定脑脊液中镁的含量对于确诊病因以及为剩余牛群提出预防措施是很必要的。

骨骼中钙和镁的含量对于犊牛低镁血症的确诊很有意义。通常从犊牛肋骨或尾骨来检测钙和镁的含量。骨中钙∶镁的正常比值为70∶1，若该比值为90∶1，说明存在严重的缺镁问题。与缺镁导致的牛异常兴奋的疾病还有急性铅中毒、产乳热、酮血症、李氏杆菌病等，需要进行鉴别诊断。例如，产乳热由缺钙引起，而草痉挛由缺镁引起，两者都有相似的症状。对两者的区分方法是行为学观察，即患产乳热的母牛往往昏昏欲睡，而患草痉挛的母牛则表现为异常暴躁。

(3)治疗　针对病症补给镁和钙制剂有明显效果。可通过静脉注射硫酸镁来治疗草痉挛症，但该法具有危险性，因为静脉注射硫酸镁可能引起牛的心脏功能障碍，甚至呼吸衰竭。使用硫酸镁静脉注射时，其浓度不得超过 6%，而且流速要特别缓慢，并对心脏功能进行听诊监测。根据 Eddy (2004)的建议，取 40%硼葡萄糖酸钙溶液和 25%硫酸镁溶液各 400 mL。将 40%硼葡萄糖酸钙溶液 400 mL 弃去 100 mL，再加入 100 mL 25%的硫酸镁溶液，混合成 400 mL 硼葡萄糖酸钙-硫酸镁混合液，其中含 9 g 钙和 6 g 镁，对病牛进行静脉输液，输液时要非常缓慢，至少 8～10 min 滴完。随后将剩余的 25%硫酸镁溶液 300 mL 注入皮下。输液期间和输液刚刚结束时，如果发现牛的惊厥变得更加严重，可静脉输入 200 mg/mL 的戊巴比妥钠(麻醉液)10 mL，这样会减轻或消除动物的痉挛。输液治疗后，建议每日皮下注射 25%硫酸镁溶液 200～400 mL，连续 5 d。

(4)预防　降低草痉挛症发病率的最简便的一种方法是给牛补饲的精饲料中添加氧化镁。在放牧草地上按每头牛 50 g/d 或 0.5 kg/周的比例将氧化镁撒在有露水的青绿牧草上，可以有效防止放牧牛的草痉挛症。另一种方法是在饮水槽中添加醋酸镁或氯化镁，也可以成功预防草痉挛症的发生。

4. 硒缺乏症

硒在动物体内的主要功能与细胞内的谷胱甘肽过氧化物酶有关。放牧牛发生因硒缺乏导致的硒代谢紊乱的根本原因为其采食的牧草和补充料中缺乏硒元素，这可能与放牧地的土壤缺硒有关。硒缺乏症以牛的骨骼肌和心肌坏死随后突然死亡为特征，其中以 10～120 日龄的犊牛发病较多，称为“白肌病”。母牛营养不良、微量元素硒和维生素 E 缺乏为本病的主要原因。因硒和维生素 E 的功能很难区分，二者都有防治犊牛白肌病的作用，但单用硒可预防犊牛的白肌病，而单用维生素 E 则不能。缺硒往往是地方性发病，与土壤缺硒进而导致在这些土壤上种植的作物也缺硒有关。

(1)症状　牛的硒缺乏会影响其终生的生长发育。如果母牛饲粮中硒的含量低，则其出生的犊牛可发生慢性骨骼肌和心肌病(白肌病)，而在缺硒的草地上放牧的犊牛在断奶前后都会发生生长停滞，并伴有肌球蛋白血尿的急性疾病。在母牛分娩时，未补硒的母牛比补硒的母牛更易发生胎衣不下，更易引发乳腺炎和卵巢囊肿。缺硒的生长牛易出现贫血，母牛产犊时同时存在缺硒缺铜的情况，极易发生溶血和血红蛋白尿。

(2)治疗　缺硒的患病犊牛在改善饲养管理(如限制活动、牛舍保温、避免各种应激)的前提下，可定期肌肉注射亚硒酸钠溶液(按硒给量每千克体重 0.1～0.2 mg)，或口服亚硒酸钠溶液(每 50 千克体重剂量 10 mg)，间隔 2～3 d，再次投服。也可配合维生素 E 制剂，其疗效较为理想。妊娠母牛在分娩前 1 个月口服亚硒酸钠(硒的剂量 13～45.5 mg/d)，可明显提高后代犊牛的体内硒水平，并可持续数月。为了预防胎衣不下，硒的添加剂量可维持在每日 2.3～50 mg 的水平，硒的最高剂量为每千克体重 0.1 mg。与无机硒相比，有机硒(如酵母硒或蛋氨酸硒)可改变硒在断奶牛或成年牛体内的分布。

(3)预防　给牛群定期肌内注射亚硒酸钠注射液、口服硒盐或硒添加剂，或与富硒土壤上生长的牧草混饲，或给低硒土壤施用含硒肥料，或将含硒的缓释金属弹丸放置在瘤胃中，都有明显的预防牛群缺硒的效果。妊娠母牛在分娩前 1 个月，将亚硒酸钠(每千克体重 0.1～0.2 mg)和维生素 E(500～1 000 mg/d)混合制成预混料饲喂；或在妊娠母牛分娩前 2 周至 1 个月时，皮下注射亚硒酸钠注射液(硒剂量 100 mg)和维生素 E 注射液(剂量为 1 000～1 500 mg)。

新生犊牛可应用亚硒酸钠溶液(3～5 mg)和维生素 E(50～150 mg)的复合针剂皮下注射,间隔 2 周后再注射 1 次,可起到预防缺硒的效果。放牧草场可以使用含亚硒酸钠的肥料进行施肥或喷洒,但要进行草场的硒含量检测,防止草场的硒含量超标引起牛的硒中毒。

(4)硒的毒性　硒的需要量与中毒剂量间的差距比较小。根据美国 NASEN(2016)的推荐,肉牛饲粮中硒需要量的建议值为每千克体重 0.1 mg DM,而硒缺乏症的剂量值为每千克体重 0.02～0.05 mg;中毒剂量值则为每千克体重 2～5 mg DM。硒中毒的原因可能有饲喂过多富硒植物、硒预混料的错误配制、治疗硒缺乏症时注射液计算错误等。硒中毒症状包括精神沉郁,黏膜发绀,脉搏细速,呼吸急促,瘤胃胀气,贫血,共济失调,视力减退以至失明,蹄部肿胀,蹄冠畸形,跛行;妊娠母牛流产、死胎,最后因呼吸衰竭而死。治疗硒中毒的策略,一是立即停喂高硒饲粮,二是应用对氨基苯砷酸解毒剂(每千克体重剂量为 10 mg)补饲,可减少对硒的吸收,促进硒的排泄。

5.铜缺乏症

铜对机体组织的氧化起着重要作用。铜缺乏症的大多数病变是由组织不能进行氧化过程所造成的。铜还具有维持成骨细胞的正常生理功能,所以铜缺乏也可发生骨质疏松症。铜缺乏症风险最大的动物是新生犊牛、怀孕、哺乳和处于生长期的牛;在过牧的草地上放牧的牛以及肠道寄生虫病严重的牛易患铜缺乏症,而且牛的缺铜比羊严重。放牧牛群,尤其是犊牛群在春季、秋季易发此病。铜缺乏症分为原发性和继发性 2 种,其中原发性铜缺乏症发病率达 40%以上。

(1)病因　原发性铜缺乏症是由于采食了在缺铜地区土地上生长的牧草或饲料所导致,其中牧草或饲料中铜含量低于每千克体重 3 mg 就出现铜缺乏症。继发性铜缺乏症是条件性铜缺乏症,即饲料或饮水中铜含量充足,但当某些抑制铜吸收的因素(如高含量钼)存在时,铜的吸收受阻,导致牛的铜缺乏症。

(2)症状　牛缺铜表现为食欲减退,异食癖,生长发育缓慢,尤以犊牛明显;被毛无光泽,粗硬,褪色,黑毛变为锈褐毛,红毛变为暗褐毛,尤以被毛颜色较深的牛(如黑安格斯和红安格斯品种)突出,脱毛;消瘦,腹泻,脱水和贫血;放牧母牛不发情,或发情后屡配不孕;犊牛关节肿大,骨皮质薄,四肢骨骼和肩胛骨常发生骨折,有时不能控制后肢,跌倒或呈犬坐式,易跌倒,倒地后突然死亡(猝倒病)。

(3)治疗　口服硫酸铜,成年牛每日灌服 4 g;犊牛每日 2 g;或成年牛每周 10 g,犊牛每周 4 g;或静脉注射 0.2%硫酸铜溶液,成年牛剂量 125～250 mL,疗效可维持数月。

(4)预防　饲料中通过添加矿物质预混料,保证铜的有效供给;同时,要注意检测饲料中钼的含量,保障钼的含量不超标。

6.碘缺乏症

碘缺乏症,又称甲状腺肿。碘缺乏症是由在缺碘草地放牧或饲喂缺碘的饲料所致,临床上以甲状腺肿大增生、生长发育缓慢和繁殖机能障碍等为主要特征的一种地方性疾病。

(1)症状　对碘缺乏的妊娠母牛来说,除胎儿生长发育受阻所致的早死胎儿吸收和偶发早产(流产)外,该病往往使妊娠期延长和产出的犊牛体质虚弱而不能站立。有的被毛发育不全(如稀毛和无毛),皮肤呈厚纸浆状病变。先天性甲状腺肿的犊牛,多数死于窒息,少数幸存的犊牛也大都由于生长发育停滞而成为侏儒牛。幼龄母牛性器官成熟延缓,性周期不规律,受胎率降低,泌乳性能下降,以致产后胎衣不下。公牛性欲减退,精子品质低劣,精液量减少等。

(2)治疗和预防　因为治疗没有效果，必须对先天性甲状腺肿加以预防。放牧牛进行精料补饲时，要采用含碘的添加剂饲料补饲，或及早补饲特制的高碘盐(含碘 0.015%)。美国肉牛饲料中广泛应用的有机碘化物(乙二胺二氢碘化物，EDDI)，在碘的生物学利用率方面优于无机碘化物，我国也可以考虑借鉴这一做法。对于患有缺碘症的新生犊牛，可静脉注射碘化钠(5～7 g/头)，但该方法有一定危险性。比较安全的方法是口服碘化钾(3 g/头)。碘缺乏症的预防首先要保证牛摄入的牧草或饲料中有足够的碘含量(每千克饲粮干物质中含碘量：妊娠母牛和哺乳母牛 0.8 mg，犊牛 0.12 mg)。另外可选的防治缺碘症的方法包括：每周给牛喷洒 7 mL 5%的碘酊；或每日在饮水中添加 1 mL 碘酊或每 2 天灌服(或通过饮水)800 mg 碘化钾；或每日在饮水中加卢戈尔液(含碘 4.5%～5.5%)0.5 mL，连续 1 周。

(3)碘的毒性　碘是一种蓄积性毒物，最终抑制甲状腺的活性。因治疗原因过量使用碘化钠或碘化钾会导致碘中毒。犊牛碘中毒的特征是发育不良，呼吸紊乱；成年母牛碘中毒表现为其所产的后代犊牛在围产期易死亡，因母牛会将摄自饲料的碘和治疗用的碘通过泌乳传给犊牛。中毒症状还与给药途径有关。静脉注射时病牛会出现呼吸困难，步态蹒跚或心动过速等症状；皮下注射会引起注射部位不适(2 h 左右)；口服用药时，病牛会表现为被毛粗糙，皮肤鳞片化，经常脱落，流泪，鼻分泌物增加，某些病例还会出现食欲不振。如静脉给药牛出现不适时，就要改为皮下注射或口服给药。

6.1.2　维生素缺乏症

1. 维生素 A 缺乏症

维生素 A 主要来源于动物性饲料，在植物性饲料中几乎不存在，但其前体物——β-胡萝卜素在绿色植物性牧草和黄玉米中却大量存在。维生素 A 的主要生理功能是维持上皮组织结构的完整性，促进结缔组织中黏多糖的合成，并保持细胞膜和细胞器(如线粒体、溶酶体等)膜结构的正常通透性、骨骼的正常发育以及视觉机能等。当牛群饲喂维生素 A 或其前体物含量少的精料与牧草时，会发生维生素 A 缺乏症。

(1)症状　一是眼病，表现为眼干燥症和夜盲症，泪腺上皮细胞萎缩、坏死，有时鳞片化、溃疡和畏光；二是皮肤干燥，没有弹性，被毛粗刚，无光泽，脱落，皮肤上积有大量糠麸样皮屑；三是骨组织发育障碍，尤其是犊牛骨组织生长受阻，骨化不全性骨质疏松、软化，骨骼变形；四是中枢神经系统疾病，由于脑脊髓液压升高，相继发生运动失调，步态踉跄，全身性痉挛，斜颈以及昏睡等症状；五是泌尿生殖系统疾病，公牛尿道黏膜角质化，排尿困难，生精机能下降，性欲减退；青年母牛卵巢囊肿，受胎率下降；妊娠母牛多在妊娠后期流产、死胎或犊牛产后数日内死亡，并出现先天性畸形，如瞎眼、发育不全等；六是其他症状，包括食欲减退，腹泻，消瘦，贫血，生长发育缓慢，对疾病易感性增强，易患膀胱炎、支气管炎、肺炎和皮肤真菌病等；除此之外，母牛还易患乳腺炎和子宫内膜炎等。

(2)治疗与预防　选用维生素 A 注射液(25 000 IU/mL)按每千克体重 400 IU 的剂量进行肌肉注射，即使病牛处于痉挛过程也能很快缓解病情。此外，应保证饲料中或放牧的牧草中含有充足的维生素 A(每千克体重 40 IU 以上)。NASEM(2016)规定，生长肥育牛、泌乳母牛和妊娠母牛每日饲粮干物质的维生素 A 需要量分别为 2 200 IU、3 900 IU 和 2 800 IU。犊牛每 2 个月按每千克体重 5 000 IU 的剂量肌肉注射维生素 A，可有效地防止维生素 A 缺乏症的发生。

(3)维生素 A 中毒症　如果因某种原因给肉牛饲喂过多的维生素 A，会使蹄部外生骨疣及骺软骨消失，导致牛跛行、共济失调和蹄部发育不良。

2. 维生素 E 缺乏症

维生素 E 又称生育酚，按其化学结构的不同分为 4 种，其中与生物学关系最密切且活性最高的为 α-生育酚。维生素 E 广泛分布于各种饲料中。一般情况下，青绿牧草、青贮饲料、干草中维生素 E 的含量很高，谷物、优质风干牧草和酒糟也含有充足的维生素 E，但质量较差的牧草、作物秸秆和块根类饲料中维生素 E 的含量却很低。维生素 E 的含量会随着饲料原料贮存时间的延长而下降。当谷物湿度过大或加入丙酸贮存时，其中的维生素 E 含量也会降低。以每千克饲粮干物质为基础，生长肥育牛、妊娠母牛和泌乳母牛对 α-生育酚的需要量均为 35 mg，而犊牛代乳粉中 α-生育酚的浓度应为 50 mg，且应添加抗氧化剂。当肉牛维生素 E 缺乏时，会影响肌肉的功能，特别是心肌、骨骼肌和腹膈肌。分为原发性和继发性维生素 E 缺乏症。原发性维生素 E 缺乏症多发生于生长牛和成年牛，包括生长期架子牛、未成年母牛、妊娠母牛、分娩母牛和哺乳母牛等，与饲喂劣质干草、秸秆、块根类和贮存多年的陈旧干草、青贮饲料有关。继发性维生素 E 缺乏症多发生于犊牛，与饲喂富含不饱和脂肪酸的动物性和植物性饲料，使维生素 E 过多消耗而引起的维生素 E 相对缺乏有关。

(1)症状　发生于出生到 4 月龄犊牛的维生素 E 缺乏症，属继发性维生素 E 缺乏症。表现为犊牛急性肌营养不良，精神沉郁，侧卧，呼吸困难，心率过速(通常升到 150～200 次/min)，但病牛完全清醒，直肠温度和视觉反射均正常。多数病牛会在 6～18 h 内死亡，死亡率 100%。而发生于生长牛和成年牛的亚急性肌营养不良在生产上很常见，死亡率通常 10%～40%。病牛僵直站立，不爱运动，运动时步态僵硬、跗关节扭转，有时相关肌肉肿胀、僵硬。但病牛完全清醒，食欲、体温和呼吸频率都正常，仅心率有所上升。

(2)治疗　病牛宜饲喂富含维生素 E 的饲料或补充料，采取给牛体保温和限制运动等措施。治疗上采用大剂量维生素 E 制剂(750～1 000 mg/d)经口投服，或按每千克体重 6 mg 的剂量肌内注射维生素 E 注射液(50 mg/mL)，联合亚硒酸钠注射液(10 mg/5 mL)按每千克体重0.1～0.15 mg 的剂量肌内注射，效果更佳。

(3)预防　生长牛饲料应保证每千克饲料干物质中硒含量 0.1 mg，且每头牛每天补充 150 mg α-生育酚；妊娠母牛产前 2 个月饲料中应添加维生素 E。可使用含硒和维生素 E 的混合针剂定期给牛注射。

3. 维生素 B_1 缺乏症

维生素 B_1 又称硫胺素或抗神经炎素，是世界上第一个被发现的维生素，由真菌、微生物和植物合成，人类和动物则只能从食物和饲料中获取。维生素 B_1 主要存在于种子的外皮和胚芽中，如米糠和麸皮中含量很丰富，在酵母菌中含量也极丰富。硫胺素由嘧啶环和噻唑环结合而成，在机体内参与糖代谢。肉牛瘤胃微生物能合成硫胺素，是大脑葡萄糖氧化代谢相关酶的核心组成部分。动物体内某些细菌产生的硫胺素酶(维生素 B 酶)会导致瘤胃微生物合成的硫胺素分解，进而造成硫胺素缺乏。牛体内硫胺素缺乏会导致血液丙酮酸含量升高血液中乳酸盐:丙酮酸盐的比例降低，红细胞转羟乙醛酶活性降低，从而导致碳水化合物代谢障碍，使特别依赖葡萄糖氧化供能的大脑皮层供能受到不利影响。硫胺素缺乏症，也叫大脑皮层坏死症(脑脊髓灰质软化症)。

(1)症状　硫胺素的缺乏直接影响神经元的正常代谢。症状表现分急性和亚急性 2

种[79]。急性的病牛突发神经症状,包括失明、肌肉震颤(特别是头颈部肌肉),头部低垂,空嚼,流涎。虽然病牛看起来已经失明且胁迫反射消失,但其眼睑反射及瞳孔反射依然存在。随着病情加重,病牛很快出现持续性痉挛,卧地不起,角弓反张,眼球震颤,视神经盘水肿,斜视,强直性痉挛。当受到刺激时,症状更为严重。体温和瘤胃功能正常,但心率不稳,病牛通常在1～2 d内死亡,年龄大的病牛存活时间会较长。从治疗到痊愈需要2～4 d或更长。亚急性病牛的症状通常持续数小时到数天。病牛站立,失明,头部低垂。有些病例还会伴随厌食、部分失明及轻微沉郁等症状。几乎所有亚急性病牛都能在治疗后24 h内痊愈。虽然该病可以治愈,但部分牛会永久性失明。发病后治疗时间越晚,预后越不乐观。如果治疗3 d后,病牛依然沉郁、厌食并无好转迹象,则应该屠宰。

(2)鉴别诊断　与硫胺素缺乏症或脑脊髓灰质软化症的临床症状相似的疾病还有很多,需要根据症状做出鉴别诊断。①李氏杆菌病:单侧脸部麻痹,发热;②铅中毒:腹部疼痛,腹泻,无瞳孔反射,无瘤胃蠕动;③多头蚴病:发病慢,牛有转圈表现;④糖蜜中毒:同硫胺素缺乏症相似,但有大量饲喂糖蜜史,且血液葡萄糖黏度降低而硫胺素水平不变;⑤氨丙啉中毒,同硫胺素缺乏症类似,但有饲喂氨丙啉史;⑥睡眠嗜血杆菌病:具有传染性,但通常发热,且是中性粒细胞浓度升高。

(3)治疗　静脉注射盐酸硫胺素(每千克体重剂量10 mg),每3 h 1次,连续注射5次。如果在发病早期治疗,则24 h内即可见效,如病情比较严重则需数天才能见效。同时,也要考虑加强牛群管理,给病牛饲喂营养平衡的完全饲料,其中优质牧草应该不少于50%。另外,给病牛接种饲喂粗饲料的正常牛的瘤胃液,也是可以采用的方法。

(4)预防　本病是由内生硫胺素酶所致的,所以给予过量硫胺素的作用有限。因啤酒糟中含有大量硫胺素及其他B族维生素,按每300 kg体重饲喂0.5～1.0 kg啤酒糟,可以有效预防硫胺素缺乏症的发生。

6.2　瘤胃胀气

瘤胃在发酵过程中会产生二氧化碳和甲烷。如果某些原因使嗳气机制受损或其他消化功能不良,动物不能嗳气或气体积聚的速度超过排出的速度,尤其是气体中存在泡沫时,就会造成瘤胃内压力增大。随着压力的增加,瘤胃在牛的左上方最后一根肋骨和臀部之间开始膨胀。随着膨胀变得更严重,心脏和肺脏被压迫,呼吸变得异常困难。

6.2.1　分类和病因

1.原发性或泡沫性胀气

原发性或泡沫性胀气主要原因是肉牛采食大量易发酵的饲料,如幼嫩多汁豆科牧草,露水多、被雨淋湿的牧草,开花前的苜蓿,谷物饲料等。泡沫性胀气通常和豆科植物有关,如苜蓿。饲喂谷物也可能发生泡沫性胀气(由于产黏液细菌的增值引起)。研究表明,泡沫性气体是由豆科植物发酵产生的可溶性蛋白质以及细菌的活动和小微粒的参与引起的。气泡压力会抑制神经末梢(控制食管开放),压力严重时抑制瘤胃收缩。潮湿的牧草更容易引起胀气,因为吞咽的唾液(唾液中含有钠和碳酸氢盐,这两种物质都有助于防止胀气)减少。低能量和低纤维的植物会导致牛瘤胃pH的降低和消化不良,从而使牛易发生胀气。

牧草引起的胀气跟植物组成和土壤也有关。高钠相对来说不易胀气。禾本科牧草通常是安全的。加拿大研究表明，所有类型的苜蓿都有引发胀气的可能。含有单宁的植物不会引起胀气，厚实的叶片不易引起胀气。

2. 继发性或游离气体性胀气

继发性或游离气体性胀气常是由于正常的嗳气受到干扰而引起的，可能是迷走神经受损或食道堵塞（如牛吃了整个土豆或大块状饲料）等原因造成的。常继发于食管阻塞、前胃迟缓、创伤性网胃炎、躯体痉挛和麻痹、腹支或者胸支的迷走神经受损以及淋巴结发生肿胀等，导致瘤胃内气体无法正常排出。姿势不正确（尤其是侧卧）、饲养管理不当、突然改变饲养方式也可造成继发性胀气。

3. 胀气的动物因素

胀气特性在动物上具有遗传性。有些牛食道位置较低，与胃的连接处容易被液体覆盖，这会抑制嗳气。体形较小、较矮、腹部较大的牛较体形大的牛更容易出现胀气。身躯短小的牛可能没有足够的瘤胃空间，且食物通过瘤胃的速度慢，在瘤胃发酵的时间长，发生胀气的概率增加。

食道和胃结合处的位置也可能有更多的问题。

6.2.2 临床症状及诊断

发病急剧，左上腹膨胀（图 6-1）。观察发现病牛烦躁不安，不愿进食，显得很痛苦（眼睛凸出），呼吸急促，可能还会张大嘴巴，伸出舌头。交替站立和躺下，踢腹部，经常翻滚和排便。触诊瘤胃紧张而有弹性，肺部叩诊区显著缩小；叩诊瘤胃呈鼓音。一般情况下，通过临床症状即可对泡沫性胀气做出确诊。而继发性胀气需要通过临床检查并确定病因才能给予确诊。发生急性瘤胃胀气的动物可能突然死亡。

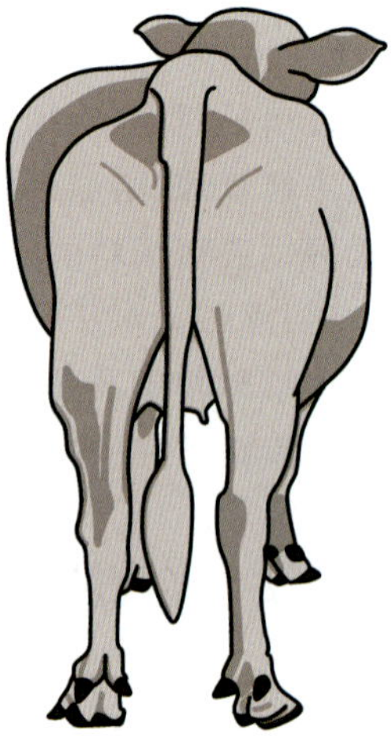

图 6-1 严重胀气的瘤胃

（蔡恩嘉 绘图）

6.2.3 治疗

1. 轻度胀气的治疗措施

选用促进反刍的药物进行治疗，常用的有氯化铵、番木鳖酊等，能够刺激瘤胃蠕动，加速气体排出；也可将 100～250 g 大蒜捣碎与 2 000～2 500 mL 植物油混合，每天服用 1 次，连续服用 3 d，并配合按摩促使气体排出。

2. 中重度胀气的处理措施

中重度胀气需要兽医迅速处理。当病畜暂时没有生命危险时，建议使用胶管通过咽喉（使用金属管/开口器/木头来防止咀嚼管子）或鼻腔进入瘤胃进行缓解。如果气体被释放，说明是气体性胀气。如果没有太多的气体从管子里出来，就应倒入消泡剂。常用的消泡剂有植物油（花生油、大豆油、玉米油等）和矿物油（液体石蜡），使用剂量为 250～500 mL。早期使用泊洛沙林（25～50 g）效果明显，可有效治疗豆科植物引起的胀气；也可将胃管插入犊牛鼻腔释放胃内的气体，如果可能，随后用大注射器注入蓖麻油。大注射器能够辅助混匀油类（小体形犊牛 90～110 mL，大体形犊牛 180～210 mL）和等体积的水在罐子当中混匀，然后将油-水混合液吸入注射器。蓖麻油比矿物油更稠，并且应当加热(但不能太热，以防灼伤犊牛)。若犊牛再次出现胀气，于灌服油之后再次重复上一流程，缓解胀气，直至油开始发挥作用。完成后往注射器内吸入一些温水，并推入胃管内将所有油类冲刷进入胃内。将温水推入排空管道，然后以拇指将末端堵住(不会滴出液体)同时轻缓的将胃管取出。

如果牛有立即窒息的危险，不要试图插入胶管。相反，用大口径的套管针和插管(直径 2.5 cm)刺入膨胀的瘤胃最上部位以释放气体。穿刺的区域是在牛左侧最后一根肋骨和臀部尖端之间的中间部位，在背部边缘下几厘米(腰区)。该区域通常比较柔软并且凹陷。胀气的牛这一部位会膨胀得像一个充满气体的气球。整个瘤胃被紧紧地压在腹壁上，用针头刺穿皮肤，并穿过腹膜，最终刺入胀气的瘤胃。大多数套管针都带有软管，可以放置在小孔中以保持它的开启。如果瘤胃内的泡沫太多，出不了多少气体，可以通过这个套管直接给瘤胃注射消泡剂(如植物油)。

3. 中药辅助治疗

可采用中药辅助治疗，治疗原则是排出气体、理气、制酵。取木香 30 g，藿香、松壳各 20 g，小茴香、乌药、丁香、草果(去皮)各 15 g，陈皮、厚朴各 10 g，研成细末，添加适量植物油及温水冲调，混合均匀后给病牛灌服。在对胀气的病牛对症治疗的同时，要查找并尽快移除病因。

6.2.4 预防措施

在进入苜蓿或三叶草牧场之前，先用干草或禾本科牧草喂饱牛群，不要把饥饿的牛赶到茂盛的、未成熟的苜蓿或三叶草的草场上。或者在青绿豆科牧草草场放牧的前几天给牛吃豆科牧草块，这样当牛开始吃茂盛的青绿牧草时，就会有规律地采食。不要把牛放在单一豆科牧草的草场上放牧。有研究表明，在三叶草植被含量低于 30% 的成熟草场放牧，牛发生胀气的风险很小。

如果想把牛从茂盛的草场驱赶出来，或者让它们接受治疗，要避免过度驱赶。过度的运动和挤压(小跑或疾驰)会搅动瘤胃内容物，导致胀气程度的加剧。

添加谷物饲料时要循序渐进，避免无规律地饲喂；避免饲喂细碎的谷物，饲喂粗加工的谷物及充足的粗饲料，已被证明胀气发生率较低。

仔细检查饲草，确保饲喂时不存在尖锐异物，避免发生创伤性网胃炎而导致继发性胀气。

防止牧草胀气，可在胀气高风险期连续使用消泡剂。对于条带放牧的牧场，可以用消泡剂喷洒草场。对于开放式牧场，可以将消泡剂添加到水中。有效的消泡剂包括动植物油以及泊洛沙林。动植物油每日每头 60～120 mL，危险期可提高至 240 mL；泊洛沙林 10～20 g/(d·头)，危险期可提高至 40 g。有报道，莫能菌素、拉沙里菌素也可以控制胀气的发生。莫能菌素可以使豆科植物胀气的严重程度降低 73%，拉沙里菌素可以有效抑制高谷物饲粮引起的胀气，而对豆科植物引起的胀气无效。

6.3 尿石症

尿石症，即尿结石，是由聚集在一起的矿物盐和组织细胞形成，存在于肾脏、输尿管、膀胱或尿道中。这些结石可能会引起慢性炎症，从而导致感染，但如果一个或多个结石从膀胱排出并滞留在尿道，也会部分或完全阻塞尿道，从而导致尿潴留、膀胱膨胀和腹痛，出现尿道和膀胱破裂，严重时可死亡。

尿石症通常称为“水腹”，尤其影响阉牛和公牛，因为母牛的尿道更为宽大，故很少阻塞。“水腹”常发生在肥育场5～18月龄的阉牛，有时放牧的牛也有发生。该病主要是一种营养性疾病，不具有传染性。

6.3.1 病因

采食含不均衡的某些矿物质饲料会引起本病。矿物质被吸收进入血液发挥独特的功能，多余的矿物质由肾脏过滤后，通过尿液排出。如果尿液中某些矿物质的浓度达到饱和点，就会开始结晶。动物饮水少时，尿液保持浓缩状态，膀胱中的矿物结晶会增加，并最终聚集在一起形成结石。

留在膀胱里的结石很少会引起问题，甚至在动物的一生中都不表现出症状。成年母牛和未成年母牛很容易通过尿液排出。由于公牛的尿道很长，且在通过狭窄的阴茎时结石可能会阻塞胃道，尤其是在乙状弯曲的末端。阉牛最常出现尿结石问题，特别是幼龄时去势的阉牛。

有人认为，含有高矿物质的硬水会导致结石，但硬水通常含有钙和镁，这实际上有助于保护牛减少磷酸盐结石的形成。有资料显示，BVDV或IBRV（两种病毒都在肾脏中发现）可能会导致部分细胞或组织脱落，这些细胞或组织可以作为矿物质吸附和积累的物质。

有磷酸盐和硅酸盐两种类型的尿结石。给牛饲喂谷物时，磷酸盐类型的尿结石很常见。高水平的碳水化合物会导致尿液中黏蛋白的增加，而谷物中磷含量很高。在微碱性的尿液中，这两个因素会导致相对柔软的磷酸盐结石。动物在草地放牧时由硅酸盐形成的尿结石更为常见。一些植物含有高水平的二氧化硅。当尿液呈微酸性时，就会形成非常坚硬的硅酸盐结石。

6.3.2 临床表现及诊断

尿结石在临床上分为不完全阻塞和完全阻塞两种类型。不完全阻塞的病牛表现为两腿岔开的姿势，排尿困难，或者经常滴少量带血的尿液。包皮阴毛上的尿液可能已经干燥，并呈“白霜”状矿物结晶。如果完全堵塞，病牛多表现为腹痛，踢腹部，尾巴抽动，用后腿跺地或踏地，反复磨牙，膀胱或尿道很快破裂。一旦膀胱破裂，尿液积聚在膨胀的腹腔内（或称腹水），造成毒血症，并在48 h内死亡。

根据病史、临床症状和临床检查进行诊断。公牛尿道的乙状弯曲区非常敏感，触诊可识别尿道异常搏动和阻塞引起的肿胀。直肠触诊可发现膀胱膨胀或不可触及。

6.3.3 治疗

1. 常规治疗及手术治疗

治疗尿结石一般采用手术和纠正体液电解质平衡的方法。如果是早期阻塞，膀胱和尿道未破裂就可采取解痉剂和镇静剂保守治疗，保持尿道括约肌松弛开放。在大多数情况下，必须通过手术取出结石，情况严重的还需要给牛补液，纠正酸碱度。具体输液量根据临床情况而定。如果在发现问题后立即进行手术，可能是最有效的治疗方法。如果膀胱已经破裂，通常没有希望恢复。外科手术只是维持这头牛存活的一个暂时的解决办法，使它能够恢复健康，长到足够大，直到可以被屠宰。

另一种方法是构建新的尿道。兽医可以在直肠下方做一个切口，阴茎就可以通过切口向后拉出来，打开阴茎中的尿道，让尿液排出。尿道开口是通过跟皮肤缝合来保持开放。由于新的开口在堵塞的上方，它为尿液从膀胱排出创造了一个新的出口。这种紧急操作可以为牛的存活争取更多时间。但是，病牛后续恢复达到理想体重也就需要更多的时间。术后，在伤口上可以使用局部抗生素和驱蝇剂预防感染。在临床上，采用手术方法为大群牛治疗尿结石的情况很少。

2. 中药治疗

(1)以清热利湿、消石通淋为目的的治疗　用于由湿热内阻所致的排尿不畅，拱背隆腰，后肢开展，尾巴翘起，阴茎勃动，欲尿而不出，疼痛不安，甚至呻吟吼叫，尿色黄赤或带血，间或夹有砂石，如砂石堵塞尿道，尿液突然中断或呈点滴状等诸症。

参考处方 1：滑石 60 g，泽泻、茵陈、知母、金钱草、萹蓄、瞿麦、海金沙、石苇各 25 g，酒黄柏 20 g，猪苓 20 g，灯芯草 15 g。共研细末，开水冲调，候温灌服。

参考处方 2：滑石、车前子、赤茯苓各 30 g，石苇、冬葵子、桑白皮、瞿麦各 24 g，木通、甘草各 15 g，共研细末，开水冲调，候温灌服。

(2)以活血祛瘀、行气利湿为目的的治疗　用于因湿阻血瘀所致的精神不振，食欲减退，反刍减少或停止，阴茎外伸，肿大青紫，或见腰部胀大，腹下水肿，肌肉震颤，呼吸和牛体有尿臭等尿闭诸症。

参考处方 1：金钱草 250 g，海金沙 100 g，当归、赤芍、赤茯苓、瞿麦、萹蓄各 60 g，栀子仁 50 g，甘草 30 g。共研细末，开水冲调，候温灌服。

参考处方 2：金钱草 100 g，滑石、酒黄柏、威灵仙、茅根、海金沙各 60 g，石苇 50 g，萹蓄、瞿麦、当归、黄芩、酒知母各 45 g，茯苓、泽泻各 40 g，木通 35 g，柴胡 30 g，共研细末，开水冲调，候温灌服。同时，用速尿每千克体重 0.1 mg，肌内注射，以促进结石排出。

6.3.4　预防措施

虽然本病不具有传染性，但是它往往具有群发性特点，所以根本的办法还是从饲料方面查找原因，并尽快进行调整。

对于肥育阶段的牛而言，平衡的饲粮钙和磷比例(2∶1)将有助于降低尿结石形成的风险。饲喂苜蓿(高钙低磷)很有益，在饲料中添加盐和少量氯化铵也有帮助。盐(氯化钠)最高占饲粮的 4%～5%，氯化铵 20.98～35.44 g/(头·d)或占饲粮比例 0.5%。饲粮营养应均衡，并提供足够的维生素 A。在寒冷的天气，应提供足够的清洁、温暖的水保证动物有足够的饮水量。应该为放牧牛提供优质饲草、补充矿物质舔块，保证随时饮水。大量采集含有高硅酸盐和草酸植物的某些牧草可能提高肥育牛患尿结石的潜在风险，最好主要供母牛和犊牛饲用，除非能补充苜蓿或其他豆类牧草以减少含硅植物的摄入量。

充足的饮水对于预防肉牛尿结石至关重要。作为最重要的“养分”，相比凉爽的天气，肉牛在炎热时对水的需求量更大，泌乳期肉用母牛比非泌乳期的母牛需要的水更多。例如，在中等温度下，非哺乳期母牛对水的需要量为每 100 千克体重 6.2～12.6 L。哺育犊牛的母牛可能需要占体重 18%的饮水量，在炎热的天气需要量还会增加。

6.4　创伤性网胃炎

随着牛对饲料的吞食，其中夹带的尖锐异物(如捆扎草捆的铁丝被剪断后的断端、铁钉、尖锐木棍等)会刺伤网胃壁引起器质性与机能型紊乱。据报道[86],在收割和压制青贮饲料时,带有轮胎的机械设备会有爆胎的情况发生,这时会有大量金属丝散落在饲料内,饲喂动物时会造成创伤性网胃炎。本病以突然的食欲废绝、剧烈疼痛为特征,常伴有局部性腹膜炎的发生。异物穿透腹膜之外而引起的创伤性心包炎、胸膜炎、肺炎、纵隔炎及肝脏、脾脏或隔膜脓肿。

6.4.1 病因

本病是由吞入金属尖锐异物所致。而造成异物被牛吞入的原因,则是放牧、补充饲料收贮、加工和保存等过程疏忽大意未消除异物。放牧地、畜舍、草棚、饲料加工搅拌间等地,由于不小心混入了铁丝、铁钉、螺丝钉等尖锐物品;偶尔也见到缝合针、发卡及注射针头等异物混入饲料中,或遗落在放牧的草地上。

6.4.2 临床表现

只有当异物与腹腔的腹膜内层接触时才会观察到典型的临床症状。异物一旦穿透网胃壁,突出表现是急性前胃迟缓症状。由于腹痛,食欲减退或废绝,反刍减少而异常,瘤胃蠕动减弱,便秘,粪便干、少而黑,外带黏液或血丝。典型的症状是弓背站立,不爱移动,驱赶时步态迟缓;头颈伸展,肘头外展,肘部肌肉颤抖;起立和排便时呻吟,痛苦不迭;放牧时上坡轻快,下坡小心翼翼;卧下时非常小心,先用后肢屈曲坐地,然后前肢轻轻跪地,起立时先用前肢爬起,再抬起前躯,呈现前高后低的姿势。

病程可能仅持续 2～3 d,随后因粘连会限制网胃的蠕动。直肠温度为 39.0～39.5 ℃。当异物的位置固定时,食欲时好时坏,常伴有瘤胃胀气;而当异物退回网胃内时,则症状减轻或消失;当异物刺伤其他器官时,症状会加重。

6.4.3 诊断

在无任何明显原因而突然发生前胃迟缓,结合本病的疼痛、行动迟缓、独特的姿势和药物治疗效果不明显等特征,可初步确诊为创伤性网胃炎。由于异物在网胃内处于不稳定状态,在发展过程中总会有并发症出现。当腹膜炎、心包炎发生时,创伤性网胃炎的临床症状会更加明显;并发创伤性肝脏和脾脏炎症时,呈现出严重的消化障碍、消瘦、贫血、黄疸、发热、衰弱及白细胞异常增多等。常规血液学检查结果是非特异性的。金属探测的结果几乎无参考价值,因为正常成年牛的网胃中会存在许多无害的金属片。超声检查可发现由穿透异物引起的腹膜渗出物及纤维蛋白反应。

6.4.4 治疗

采用的治疗方法有手术法和保守疗法 2 种。如果病牛被确诊为处于急性或亚急性阶段,就需要做手术治疗。其中手术法是施行瘤胃切开术,是有效的根治方法。在手术切开瘤胃后,将手通过瘤胃进入网胃取出异物,然后将瘤胃壁用可吸收缝合线缝合,腹壁用一般线缝合。术后进行 5d 抗生素疗法可防止异物引起的腹膜炎。手术疗法在实践中可行性很强,多数病牛会平稳康复。

保守疗法是促使炎症过程减轻,异物通过包裹方式被包埋,或将异物固定在瘤胃内以消除其危害。一般是让病牛在保定栏中站立,最好让其前腿比后腿高 15～20 cm,随后进行皮下、肌内或静脉注射抗生素5～7 d。症状较轻的病牛也可以采用专用投喂器通过瘤胃向网胃内放置一块永久性磁铁棒(长5～6 cm,直径2～2.5 cm),将金属性异物吸附在磁铁棒上使其固定。如果心包炎的症状明显,则应立即屠宰。因为处于这种情况的病牛康复的可能性很小。

6.4.5 预防

加强放牧地、饲草、饲料贮存与加工过程的管理,严防各种尖锐的金属类物品通过任何渠道被动物食入;教育员工随时清除环境周围的金属异物;应用磁选器、磁性拌草棒、磁筛、磁叉、磁性料槽、磁性鼻环等多种设备,吸出牧草和饲料中可能对牛造成危害的金属异物;向胃内投放永久性磁铁棒,以将各种金属异物固定在瘤胃中;提供营养全面的饲料,防止牛群发生异食癖,以杜绝牛吞食金属类异物。

6.5 中毒病

在肉牛生产中,中毒性疾病并不少见。有毒有害物质或牧草、饲料等进入牛的体内,在一定条件下破坏动物的生理机能,从而影响动物的健康,引发疾病甚至死亡。中毒性疾病往往具有群发和与其他疾病症状相混淆的特点,可能给生产造成重大损失。

6.5.1 霉菌毒素中毒

收割或收获、贮存、加工、包装、运输过程处置不当或湿度过大会导致饲料原料或投入品被霉菌污染。被霉菌污染的霉变饲料被肉牛采食后就会中毒。使肉牛致病的有毒霉菌有多种,其中危害最大的是黄曲霉,其产生的黄曲霉毒素可存在于玉米、饼粕类、牧草、青贮饲料等。黄曲霉毒素已发现的有20种之多,其中对动物和人的毒性最强的为黄曲霉毒素B_1、B_2、G_1和G_2,中毒面积广,危害大,是肉牛养殖业必须重视的问题。

1. 症状

病牛精神沉郁,呆滞,少食,甚至厌食,瘤胃蠕动迟缓,反刍减少或不反刍;触及皮肤异常敏感,呼吸困难,肺音粗粝,部分牛呈犬坐状,张大嘴呼吸,并伴有视力不清,畏光流泪;腹泻和便秘交替性出现,粪便中混有血液和黏膜;有的牛颌下、胸腹部水肿,全身性肌肉震颤,哺乳母牛停止泌乳等。

2. 治疗

①一旦怀疑霉菌毒素中毒,应立即停止饲喂霉变饲料,改为饲喂青绿干草或洁净的饲料,同时饮淡盐水,并提供充足的饮水。

②人工盐400～500 g,加水灌服,可促使动物排便和产生喝水的欲望;还可以用硫酸钠、硫酸镁等泻药排毒。

③用25%～50%葡萄糖溶液1 000 mL加维生素C及强心利尿药静脉注射,并配合注射复方氯化钠和5%糖盐水等。

3. 预防

经常检查饲料原料的发霉情况,特别要注意极易霉变的糟渣类饲料,不喂发霉变质的饲料。我国饲料卫生标准(GB 13078—2017)规定,黄曲霉毒素B_1在肉牛精料补充料的限量为:泌乳母牛每千克体重≤10 μg,犊牛每千克体重≤20 μg,其他牛每千克体重≤30 μg。

6.5.2 铜中毒

铜中毒分为急性和慢性两种。急性铜中毒往往是由一次摄入过量的铜而导致，例如采食喷洒过含硫酸铜的杀真菌农药的牧草，或某种原因摄食了高含铜量的矿物预混料所导致。成年牛铜的摄入量达每千克体重 220～880 mg、犊牛 20～110 mg 即可发生急性铜中毒而死亡。肉牛生产中更多见的是慢性铜中毒的发生，如长时间摄入过量的铜导致了铜在肝脏中累积；或不合理地应用了高铜矿物预混料；或是工业污染导致地方性土壤高铜等。

1. 症状

急性铜中毒会导致病牛出现严重的肠胃炎，伴有腹痛、腹泻、快速脱水、心率过速、厌食等症状，粪便呈绿色甚至蓝色，通常在 3 d 内死亡。慢性铜中毒可能与长期肝脏铜的蓄积有关，尤其是低钼情况下更易促进肝脏铜的蓄积而导致慢性铜中毒。慢性铜中毒的平均病程为 1～3 d，有的长达 3 周。由于长时间摄入过量的铜，动物有发生溶血的风险。其主要表现为食欲减退，精神不振，离群，瘤胃积食，粪便恶臭，且混有黏液；心率和呼吸频率加快，黏膜苍白，溶血，黄疸，贫血，高铁血红蛋白血症，直至死亡。有些母牛还表现为流产，共济失调，光敏反应，通常倒地后死去（猝倒症）。

2. 治疗和预防

①移走铜源。在确定引起铜中毒的铜源后，应立即清除铜源。

②犊牛每天口服 1 g 硫代硫酸钠被证明有效或每天 100～400 mg 硫代钼酸铵或注射硫代钼酸铵，剂量为按每千克牛体重给予 3.4 mg 硫代钼酸铵（皮下注射）或 1.7 mg 硫代钼酸铵（静脉注射）。

6.5.3 亚硝酸盐中毒

在某些情况下，牧草（如苏丹草、酸模属植物类、三叶草、野苋菜等）、青刈饲料作物（如小麦、大麦、黑麦、玉米、高粱等）以及玉米青贮的组织内都会积累大量的硝酸盐。这些饲料被肉牛采食后可能会导致硝酸盐/亚硝酸盐中毒症的发生。在正常情况下，含有硝酸盐的饲料进入肉牛瘤胃内，在瘤胃微生物的作用下转化为有毒的亚硝酸盐，并继续转变为无毒的氨，作为微生物合成蛋白质的氮源。在某些情况下，如饲料进入瘤胃的硝酸盐量过高，或瘤胃微生物转化亚硝酸盐为氨的代谢途径受阻，瘤胃中就会有大量有毒的中间代谢产物——亚硝酸盐蓄积，随后经瘤胃壁吸收进入血液，血液中的氧合血红蛋白被氧化为高铁血红蛋白，血红蛋白丧失携带氧的能力，最终导致动物组织和细胞缺氧。

1. 临床症状

肉牛体内亚硝酸盐含量一旦快速增多后，中毒很快会发生，表现为急性发作。尿频是本病的早期症状，可视黏膜（眼结膜、口腔及阴道黏膜等）充血，并很快变为蓝紫色并发绀；脉搏虚弱而急促，流涎，吐白沫，呕吐，腹痛，腹泻，胀气，俯卧，全身痉挛，共济失调，呼吸困难，用嘴呼吸，体温下降，昏迷；母牛乳房胀痛，呈青紫色，孕牛流产等。

2. 治疗

①2%亚甲基蓝（别称次甲基蓝、亚甲蓝等）溶液静脉注射，按每千克体重 4 mg 的剂量静脉注射。

②25%～50%葡萄糖溶液，5%维生素 C 60～100 mL（每千克体重 5 mg），静脉注射，作为

辅助治疗。

3. 预防

避免用亚硝酸盐含量高的饲料喂牛。

6.5.4 尿素中毒

尿素可作为肉牛的蛋白质饲料补充来源,尿素的饲喂量一般为成年牛每日 150～200 g。尿素中毒主要是由于牛食入过多的尿素或含尿素的非蛋白氮补充饲料所致。当饲喂量过大或误食过量的尿素,以及饲料中尿素混合不均匀,或将尿素混入饲料中长时间存放不喂,偶尔被牛食入后都可能引起尿素中毒。

1. 症状

一般为急性中毒,发病急,死亡也快。临床表现为大量流涎,吐泡沫,磨牙,腹痛,踢腹,尿频,呕吐,哞叫,抽搐,肌肉震颤,出汗,脉搏快,强直性痉挛,瘤胃胀气等。通常在中毒后几小时内死亡,死前体温升高。当慢性中毒发生时,病牛后躯表现出麻痹不全,四肢发僵,以后卧地不起。

2. 治疗

①尿素中毒导致急性瘤胃胀气时,需及时进行瘤胃穿刺放气,但要注意放气速度不宜过快。

②在停喂含尿素饲料的同时,投喂食醋 10 kg 以上。

③灌服冷水 20 kg 以上,以稀释瘤胃内容物,减少氨的吸收。

④10%葡萄糖酸钙 300～500 mL,25%葡萄糖溶液 500 mL,静脉注射。

3. 预防

①尿素添加量不超过饲粮干物质总量 1%,或不超过谷物类饲料 3%。

②饲料中添加尿素后要搅拌均匀。

③尿素不宜加入水中饮用。

④最好使用与淀粉糊化的尿素类产品。

⑤不宜给瘤胃尚未发育完全的犊牛饲喂尿素。

6.5.5 氢氰酸中毒

某些植物如高粱、玉米、三叶草等的幼苗或收割后再生的嫩芽中含有较高含量的氢氰酸,牛在摄食后可引起中毒。另外,牛误食含氰化物的农药也可引起中毒。

1. 症状

①特急性中毒:牛在采食后的 15～20 min 内发病。病牛表现为呼吸困难,哞叫,口吐白沫,阵发性痉挛,数分钟内死亡。

②急性和亚急性中毒:生产上比较常见,病牛表现为兴奋,起卧不安,呼吸困难,流涎,流泪,后躯无力,肌肉震颤,抽搐,体温下降,严重者瞳孔散大,并伴有阵发性惊厥,最后因呼吸中枢麻痹而死亡。存活 2 h 以上的牛经治疗可以恢复健康。

2. 治疗

①早期可用 0.1%高锰酸钾溶液反复洗胃。

②用 5%亚硝酸钠 400 mL 按每千克体重 4 mg(500 kg 体重用 2 g)静脉注射,也可加入

10%～25%的葡萄糖溶液 200 mL 中注射(现用现配)。还可用亚甲蓝按每千克体重 10 mg 代替亚硝酸钠进行静脉注射。

③用 5%硫代硫酸钠按每千克体重 10 mg 进行静脉注射,根据病情约 1 h 左右再注射 1 次。

④10%～25%葡萄糖溶液加维生素 C 及强心剂(10%樟脑磺酸钠等)输液,进行辅助治疗。

7 肉牛肥育场常见病及其防治

内容提要：

本章以兽医的视角向读者介绍了常见的肉牛肥育场疾病及其防治要点。就目前来看，肉牛呼吸道疾病综合征(BRD)依然是导致肥育肉牛发病率、死亡率以及经济损失最高的疾病，因此BRD依然是肥育肉牛健康管理的重中之重。本文从BRD的发病机制、临床症状、防治措施以及如何管控应激等方面对其重点介绍。另外，本章也介绍了瘤胃酸中毒等消化系统疾病以及血栓栓塞性脑膜脑炎、李氏杆菌病等神经系统疾病的防治方法。从整体来看，控制和预防肉牛肥育场疾病的关键在于购买健康的牛、降低运输应激、提供适宜的肥育场环境、合理的营养饲喂、良好的疾病监测和管理以及规范的疫苗和药物使用。

7.1 牛呼吸道疾病综合征

牛呼吸道疾病综合征(BRD)，又称运输热、支气管肺炎或“烂肺病”，是肉牛肥育场常见的疾病。在某些肥育场里，BRD的发病率和死亡率均可达75%以上。肉牛患病时采食减少，体重明显减轻，甚至死亡。一旦发病可能造成严重的经济损失，需要引起重视。

7.1.1 BRD的应激因素

BRD通常是牛的上呼吸道疾病、下呼吸道疾病的统称。应激是导致该病的主要风险因素。本病常发于犊牛断奶后的4周内。断奶本身对于犊牛是一种较大的应激；长途运输是另一个引起犊牛应激的主要原因，这也是BRD被称为“运输热”的原因。此外，去角、免疫接种、混群、饲粮改变、天气变化等因素都是可能的应激原。在一系列应激因素的“折磨”下，纵使牛具有较好的耐受性，也难免会出现应激反应，继而使犊牛的免疫力明显下降。这时，我们认为动物已经处于患病的边缘。

7.1.2 引发BRD的病毒、细菌和寄生虫

犊牛的体内、运输过程以及肥育饲养环境中存在大量的病原微生物，一般情况下，犊牛可以通过自身的免疫系统抵御这些病原体的侵扰。不过在应激状态下，某些病原可以引起疾病。BRD最常见的病毒性病原包括牛病毒性腹泻病毒(BVDV)、牛疱疹病毒1型(BHV-1)、牛呼

吸道合胞体病毒(BRSV)以及副流感病毒 3 型(PI-3)。这 4 种病毒可以损害犊牛的呼吸道,使一些细菌有机会侵入犊牛的肺部。最常在 BRD 患牛肺部发现的细菌为溶血曼氏杆菌、多杀性巴氏杆菌、睡眠嗜血杆菌和牛支原体,另外肺线虫也可能引起 BRD。

7.1.3 BRD 的症状

实际生产中,导致 BRD 的多种应激来源以及致病源通常并存,且在彼此复杂的相互作用下引发疾病。不同病原体引发 BRD 时症状不一定相同,但早期的症状通常包括精神沉郁和食欲不振。出现症状的犊牛需要被隔离并测量体温,当体温高于 40 ℃时,就应该怀疑动物处在 BRD 的早期阶段。之后可能出现的其他症状包括呼吸困难、咳嗽、腹泻、运动不耐受、流鼻涕、猝死等(图 7-1)。犊牛转入肥育场后的前两周是本病的高发期,在此期间饲养人员应持续和密切地关注犊牛的健康状况。一旦发现病情,需及早治疗,避免犊牛死于严重肺炎。

图 7-1 到场后的 BRD 患牛(李靖 供图)

国外建立的 DART 评估方法是一个基于“三看一测”的四步法,在生产实践中很实用。一看,是指在牛群外围观看牛只的抑郁情况。生病的犊牛耳朵下垂,低头,动作僵硬,尾巴微微卷起。二看,是指看牛的食欲,及时发现那些进食缓慢或食欲差的牛只。三看,是指看牛的呼吸速度和咳嗽情况,发现呼吸困难、喘粗气和咳嗽的个体。一测,是指测体温,这是 DART 系统中唯一的客观测量。牛的正常体温为 39 ℃左右,如果超过 40 ℃,就表明这头牛存在健康风险,可能需要接受治疗。

7.1.4 BRD 的治疗

尽早对 BRD 展开治疗,可以最大限度地改善犊牛体况,减少经济损失。通常建议养殖场使用抗生素进行治疗,应选择能够抑制上述常见病原菌的抗生素,还可以使用非甾体消炎药(如美洛昔康)和免疫调节剂做辅助治疗。针对犊牛可能出现的食欲不佳、腹泻、脱水等问题,可以考虑输液纠正脱水,并给予 B 族维生素或益生菌调节肠道菌群,防止体况恶化。当发现治疗效果不佳时,应考虑以下 5 种原因:①病情过于严重;②误诊;③有其他疾病存在;④用药剂量不足;⑤药物使用不当等。

误诊严重影响了本病的治疗效果,因此建议对犊牛尸体进行剖检。犊牛尸检可以确认具体的病原、病变的严重程度以及验证治疗的效果,对于 BRD 的确诊和治疗都十分必要。

7.1.5 BRD 的预防措施

BRD 的预防措施可以被划分为犊牛进入交易市场前和转入肥育场后两个阶段。

第一阶段,是犊牛进入交易市场前的预防。重点是对犊牛进行一系列预处理,以降低发生应激的程度,这些预处理措施包括:①购买来源可靠的健康犊牛;②接种呼吸道致病菌、病毒等病原的疫苗;③断奶前保证犊牛的营养充足;④在出售犊牛前至少提前 3 周进行断奶;⑤出售犊牛前进行去角和去势,并确保其有足够的恢复时间;⑥提前训练犊牛使用料槽进食,减少其进入肥育场后的不适等。

第二阶段,是犊牛转入肥育场后的预防。内容包括:①到达肥育场后再次给犊牛接种疫苗,以加强免疫效果。不过,如果犊牛此时已经处于应激状态且免疫力低下,那么接种疫苗的效果将大打折扣;②给予犊牛额外的营养,适当补充维生素 A、维生素 D、维生素 E。研究表明,这几种维生素可以降低 BRD 的发病率;③改善犊牛的饲养环境,也能有效减少牛的应激和 BRD 的发生,包括提供洁净干燥的垫料,减少牛群密度,保持通风和减少灰尘等;④实施群体健康管理规范,有效预防 BRD 的发生。一般通过对所有犊牛进行大规模抗生素治疗,可以达到预防的目的。

7.1.6 肥育牛入场应激管理“五步法”

肥育牛入场应激管理“五步法”是勃林格殷格翰动物保健(中国)有限公司结合国内外专家的先进理念和我国肉牛 BRD 应激的实际,提出的肥育牛入场应激管理方案,在实践中收到很好的效果,可供相关企业参考。

第一步,入场准备与风险评估。首先,物料准备,包括疫苗、药物、添加剂、饲草、饲料等。其次,消毒准备,圈舍要在上一批牛出栏之后进行严格的消毒,新牛群引进之后,至少在 1 周内每日严格消毒,1 周之后,再根据牛群状况设定 2 d 或 3 d 或 1 周 1 次的消毒;水槽、料槽也要进行严格消毒。其次,建议设立用于病牛处理的隔离牛舍,把 BRD 严重的病牛、外伤的病牛及时隔离到病牛舍,与其他健康牛隔离开,减少再次感染和传染整个牛群的风险。再次,根据采购牛的来源、月龄、体重、运输距离、前处理方式(之前有没有经过隔离和处理),细致了解牛群情况。最后,评估牛群高低风险,确定入场抗生素处理方案。

第二步,入场检查与休息。第一,牛只到场后检查牛群外伤、下车行走情况,评估牛群到场精神状态。第二,牛只到场后第一时间给予适量饮水,推荐添加牛专用的电解多维及免疫增强剂(如黄芪多糖)。第三,饲喂优质干草,渐进式增加饲料,青贮饲料建议至少在入场 1 周后饲喂,具体细节以与入场前饲料尽可能保持一致和减少换料应激为准。第四,建议到场的牛只运输时间多久,就休息多久时间,休息期间将异常牛、明显疾病的牛隔离到病牛舍,提前处理 BRD、外伤以及其他问题。

第三步,集中处置。第一,进行入场登记,包括耳标、称重等认证登记工作。第二,休息后集中疫苗、长效抗生素预防 BRD 以及驱虫。第三,如果牛场没有规范通道及降低牛应激的保定装置,休息后再处置会造成额外更严重的应激,可以在下车时统一处置,依具体情况而定。第四,对高风险牛群的群体处置,同时进行疫苗、长效抗生素预防 BRD 以及驱虫。第五,对低风险牛群进行群体疫苗免疫和驱虫,之后每日巡圈,并使用上述 DART“三看一测”方法揭发处置。第六,在牛只休息期间揭发出来的隔离牛只(疑似 BRD 病牛和外伤牛),根据具体情况可以跟高危牛只统一处置,或者等到这些牛痊愈后与低危牛群一道统一处置。

第四步,DART 方法跟踪评估与揭发。第一,牛只统一处理后持续评估牛群状况。第二,重点观察牛群第 3 天、第 5 天、第 7 天的症状。第三,观察牛只采食量、精神状态和体温。第四,每日使用 DART 方法评估牛群,对于异常牛第一时间按建议方案处理。

第五步,牛群安稳渡过应激阶段。牛群采食量恢复正常,异常牛痊愈,然后安稳渡过应激阶段，开始使用肥育饲料，过渡期即行结束。

BRD 是肥育牛场中常见、经济影响巨大的呼吸道疾病综合征。肥育牛养殖者在生产中应该以预防为主，重视对于应激因素的控制以及预防措施的落实，在发病后应及时治疗，争取将 BRD 的损失程度降到最低。

7.2 瘤胃酸中毒及其防治

7.2.1 瘤胃酸中毒的定义

牛和其他反刍动物的瘤胃中含有数十亿计的细菌、真菌和原生生物，它们可以将饲料中的特定糖类（如纤维素或淀粉）发酵水解，并最终产生丙酸、乙酸、丁酸等挥发性脂肪酸（VFA）和乳酸。这些有机酸可被瘤胃吸收，是牛的重要能量来源。由进食过量精料而导致瘤胃内有机酸生成过多，这是瘤胃酸中毒的主要病因。

瘤胃 pH 通常随瘤胃内 VFA 的浓度而变化，一般维持在 5.5～7.0 的范围内。患有瘤胃酸中毒的动物瘤胃液 pH 低于 5.5，在某些致死性病例中，pH 甚至可能为 4.5 或更低，这会引起一系列的病变和症状。瘤胃酸中毒分为急性和亚急性两种。2 种酸中毒的病因与症状各不相同，但两种酸中毒都会严重影响到肉牛的福利状况和养殖场经济效益。

7.2.2 急性瘤胃酸中毒

大麦、小麦或谷物富含碳水化合物，通常称作精料成分，在肉牛饲养过程中喂食精料可促进动物生长。突然、快速食入过多精料是急性瘤胃酸中毒的主要诱因。发生急性酸中毒时，瘤胃发酵饲料的速度加快，有机酸的生成速率大于瘤胃可吸收速度和动物机体所需的浓度，致使胃内 pH 严重下降，并在一段时间内不再升高。pH 的急剧变化会改变瘤胃微生物群体的组成结构，产酸细菌（乳酸菌等）产生更多酸性物质，形成恶性循环。此外，过量的有机酸被吸收进入血液可引发全身代谢性酸中毒，严重时还可引起休克和死亡。

患有急性酸中毒的牛会出现明显症状，主要包括：采食减少或消失、反刍减弱或消失、心率加快、呼吸速率加快、腹泻、精神沉郁、严重时可导致死亡。

患急性酸中毒的牛死亡率很高，我们可以选择在发病后屠宰肉牛，以降低动物的痛苦，减轻治疗的成本；如果想要治疗，则应采取积极的治疗措施，包括实施瘤胃切开手术清除胃内容物，通过大量输液来纠正脱水和酸中毒等。

7.2.3 亚急性瘤胃酸中毒

牛的亚急性瘤胃酸中毒是由胃内生成的有机酸与吸收的有机酸之间的暂时失衡所引起的。其具体表现为瘤胃 pH 时而低于酸中毒的临界值（pH＝5.5），时而又升高。患牛一般不出现严重的临床症状，通常表现为体况变差、日增重下降和饲料转化率降低。亚急性酸中毒的病牛恢复时间更长，在这期间瘤胃的正常活动被抑制，瘤胃上皮也可能受损。一旦瘤胃上皮遭到损害，瘤胃内细菌可能侵入胃壁，引起炎症。更有甚者，胃内细菌通过胃壁进入血液循环，形成菌血症，可能引起肝脓肿（图 7-2）和蹄叶炎等疾病。

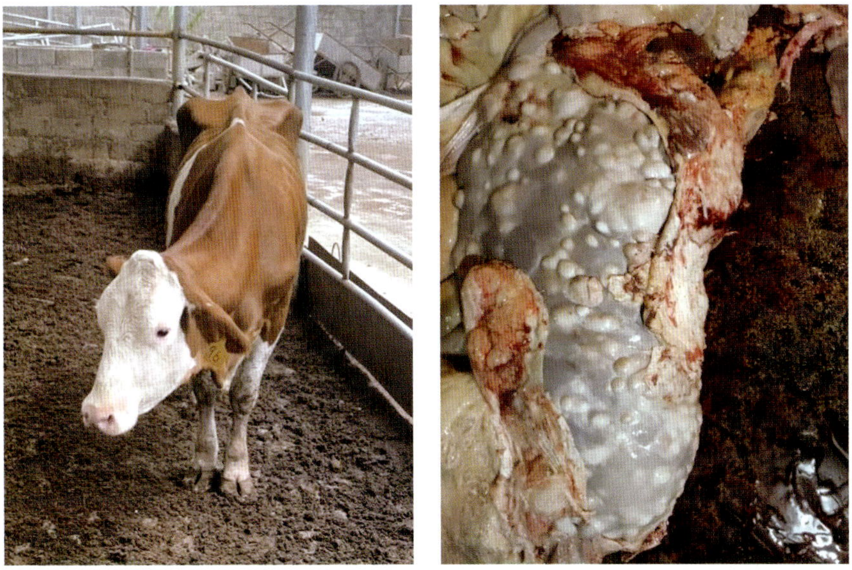

图 7-2 由瘤胃酸中毒导致的肉牛消瘦和剖检显示肝脏脓肿(李靖 供图)

长期患有亚急性瘤胃酸中毒的牛表现出的症状包括采食量下降、饲料转化率降低、体重下降或日增重下降、体况评分降低、蹄叶炎、脱水、肝脓肿、体温升高、腹泻和排便异常等。

当患有亚急性瘤胃酸中毒时,肉牛通常已经变得瘦弱,其经济价值也会随之降低;若酸中毒已经引起肝脓肿或其他疾病,还可能需要花费额外的治疗费用,因此这种类型的酸中毒对牛场的经济影响更大。治疗亚急性瘤胃酸中毒的病例一般可通过口服碱性产品来中和胃酸,同时在饲养上也要控制动物的精料摄入量。

7.2.4 瘤胃酸中毒的预防

预防瘤胃酸中毒需要做到以下几点。

①需要保持瘤胃健康和稳定的采食量。保持瘤胃健康需要维持瘤胃内微生物区系的正常种类和数量,因此要维持干物质的稳定摄入。

②牛的饲料应含有适量的有效纤维,可有助于瘤胃运动,促进 VFA 的吸收和中和,防止瘤胃内有机酸的蓄积。

③应了解哪些饲料更易被瘤胃发酵和吸收引起酸中毒,从而调整其在饲料配方中的比例。可能引起瘤胃酸中毒的饲料淀粉发酵速度由高到低的顺序为小麦、大麦、玉米、燕麦、高粱等。

④饲料的加工程度越精细,瘤胃细菌对糖类物质的发酵就越容易,也更容易引起酸中毒。研究表明,当饲料颗粒被加工至刚好暴露淀粉时,可以使肉牛最好地利用淀粉,同时不至于引起瘤胃酸中毒。

⑤使用离子载体类抗生素,如莫能菌素和盐霉素。通过抑制产酸菌的生长,可以在一定程度上降低酸中毒的发生率。但是任何抗生素的使用都必须符合国家相关政策和法规的要求。

⑥在牛的饲粮组成由粗饲料为主转为精料为主的过渡期最常发生酸中毒,瘤胃菌群适应该变化可能需要 2～3 周及以上的时间。在过渡期缓慢减少粗料的比例,增加精料比例,可促进瘤胃菌群的适应。

⑦给予一定的益生元、益生菌或酵母，有助于促进瘤胃有益微生物的生长。这在奶牛养殖中已很常见，肉牛养殖也可借鉴这种思路，但在添加剂种类和用量的挑选上，需要具体问题具体分析。

⑧加强饲养管理，控制动物进食的频率，保证每头牛获得充足而不过量的饲料。

7.3 神经系统疾病

7.3.1 血栓栓塞性脑膜脑炎

血栓栓塞性脑膜脑炎（TEME）是肥育牛中一种严重的神经系统疾病，由睡眠嗜血杆菌引起。研究表明，周岁牛和断奶牛最有可能出现本病。TEME常发于秋冬季节，偶尔也发生在春季，运输、混群等应激因素可能会促进本病的发生。

TEME有时发病迅速，患牛可能在未发现任何症状的情况下直接死亡。在发病进展较慢的病例中，可观察到步态姿势异常、跛行、精神沉郁、共济失调以及惊厥等症状（图7-3）。应避免动物摔倒，因为这样可能引起死亡。在患病早期，动物体温升高，可达40.5～41.5 ℃；这种体温升高随病程发展而回落。确诊TEME需要采集患牛脑组织进行实验室病理检查，因为本病的临床症状可能与李氏杆菌感染以及脊髓灰质炎相混淆。治疗TEME的前提是尽早发现本病。当个体牛发病时，可给予大剂量土霉素，这种治疗方法的治愈率大于50%；当群体发病时，建议在所有牛的饲粮中添加大剂量土霉素或金霉素以降低总体发病率。

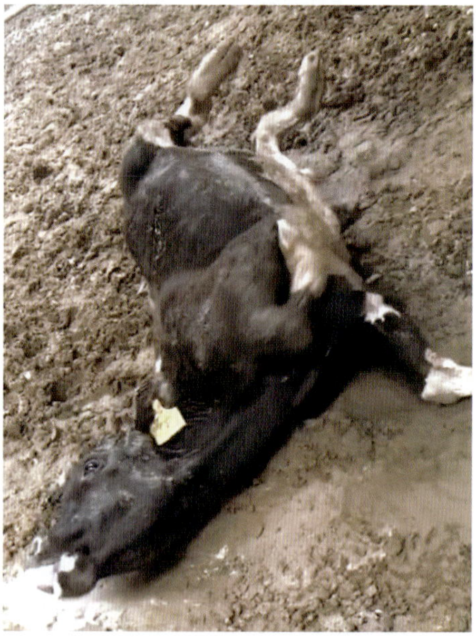

图7-3 出现神经症状的患牛（划水状）
（李靖 供图）

7.3.2 李氏杆菌病

李氏杆菌病是一种人兽共患传染病，致病原是单核细胞增多性李氏杆菌，主要发生于冬季和春季，常常是由于饲喂的劣质青贮饲料或干草料中存在李氏杆菌，从而引起群体发病（图7-4）。

李氏杆菌在牛的肠道中增殖时最容易致病。其发病主要表现为脑炎或脑膜脑炎症状。被感染动物通过粪尿、胎儿和泌乳等途径向外界排出细菌，这些被污染物通过饲料途径经口腔进入其他动物体内完成传播。此外，通过呼吸道、直接接触或者性传播也可传播本病。

本病的临床症状包括精神沉郁、食欲不佳、体温升高、共济失调、离群、面部麻痹、流涎、流产、死胎、脑炎、脑膜炎、毒血症等。1～3岁的牛最易发病，泌乳牛感染还可能引发乳腺炎。

当发现患病动物时，应首先进行隔离，随后给予抗生素（头孢噻呋、青霉素、氟苯尼考、土霉素、红霉素等）治疗。抗生素难以通过血脑屏障到达大脑，故常需要加大用药剂量以达到杀菌目的。治疗应尽早开始，整个治疗周期一般为6周。

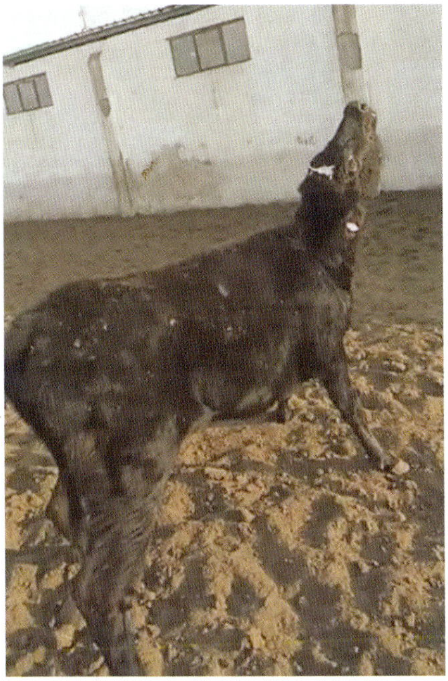

图 7-4 进食变质青贮饲料导致的李氏杆菌病(李靖 供图)

劣质青贮饲料的酸度不足是引起李氏杆菌增殖的主要原因,因此牛场可以通过对饲料的管理来防控本病的发生。具体措施包括:①饲喂制备良好、pH 足够低的优质青贮饲料;②避免使用发霉、变质的饲料及饲料堆上层的氧化变质饲料;③及时清理料槽中的剩余饲料,防止变质。

防控养殖场内啮齿类动物接触牛群可以预防本病的传播。对本病来说,接种疫苗不具有切实疗效,养殖者应将重心放在饲料的选择和管理环节。

7.3.3 脑膜炎

脑膜是颅骨与脑组织之间的膜,包括硬脑膜,蛛网膜和软脑膜。脑膜炎是其中一层或多层膜发生炎症。根据病程、发病部位、病因、病理学变化等不同角度,可以有不同的分类方式,细菌性脑膜炎是最常见,也是最重要的脑膜炎。

细菌性脑膜炎的主要致病原是革兰阴性菌(尤其是大肠杆菌)。细菌通过黏膜上皮进入消化系统,然后经血液扩散进入脑脊液中,继而引发脑膜炎症。犊牛一般是因初乳摄入不足,体内免疫球蛋白水平较低,导致感染和炎症;成年牛的病因则主要是感染睡眠嗜血杆菌。患病症状包括精神沉郁、吮乳反射消失、发热、头颈部及四肢僵直、眼球震颤、面神经麻痹,严重时会阵发癫痫;还可能伴有关节炎、脐静脉炎、腹泻、眼前房积脓等。本病的确诊需结合上述症状,尸体脑脊液分析结果以及尸体组织病理学检查结果。

细菌性脑膜炎的治疗主要依靠给予抗生素,由于本病发病急,死亡率高,因此常常来不及进行药敏试验而直接选择经验性用药。如果需要经验性用药,可选择 β-内酰胺类药物(青霉素、头孢类)、氟喹诺酮类药、磺胺类药物、氯霉素类(氟苯尼考)、大环内酯类(如加米霉素)等治疗。必要时还应考虑给予非甾体消炎药和输液治疗。

预防犊牛细菌性脑膜炎需保证犊牛摄入足够初乳,维持足够的抗体水平;成年牛来可以接种疫苗。此外,改善饲养管理方式和饲养环境,减少牛群应激对预防本病也有积极作用。

8 生产医学和牛群健康管理

内容提要：

肉牛的“生产医学”，也称“群体医学”或“群体健康管理学”，是解决肉牛群体诊疗和预防疾病发生的一门学科。生产医学的理念是能够从宏观角度发现影响群体健康的问题并进行干预，防止其对群体产生进一步的不良影响，并阻止相应群体性疾病的发生，从而使肉牛群体整体上达到最佳的生产性能，另外，也从成本效益的角度对肉牛群体的饲养管理方案实施评估。不同肉牛场的生产管理方案需要考虑地域、经济、理念和条件等问题，从生物安全、营养、生物制剂和药品使用等方面进行审慎考虑，最终目的为对影响群体健康的风险进行良好的管控。本章将向读者解释不同因素对肉牛群体健康的影响，并提供解决牛场宏观问题的理念和思路。牛场主应学会与畜牧兽医专家合作，共同制定适于本场的生产管理方案，了解对风险干预的最佳时机，并从生产医学的角度考虑如何更好地利用本场的人力资源、工作流程、生产方案和具体管理措施来预防疾病的发生，并提高生产效益。

8.1 饮水和营养对牛群健康的重要性

肉牛需要摄取适当的水、碳水化合物(能量来源)、蛋白质、维生素和矿物质，从而达到营养平衡。其中，对于所有家畜而言，水都是最重要的。如果短时间不喝水，牛的采食量就会显著减少，所以充分供应优质的饮用水，对肉牛养殖生产是十分必要的。

8.1.1 饮水

影响肉牛饮水量的因素有很多。处于不同环境温度和不同生产阶段的动物对水的需要量差异很大，其他因素还包括饲料水分和蛋白质含量、食盐的摄入量、环境相对湿度和牛的品种。例如，饲喂高水分饲料，如青贮饲料或新鲜牧草，牛对水的摄入量就会减少。当采食食盐或蛋白质含量较高的饲料时，由于需要排泄更多的尿液，牛对水的需要量就会增加。在高湿度地区，因为蒸发损失较小，牛需要的水也较少。一些热带品种的牛比温带品种的牛有更强的适应炎热、干燥条件的能力，能耐受短期的缺水。在实际生产中，考虑到水对动物机体的重要性以及难以准确估计水的需要量，肉牛能够自由摄取水质优良的饮水应该得到保证(图 8-1)。

图 8-1 肉牛必须随时保障充足、清洁的饮水(李靖 供图)

随着农业化学品的运用或干扰动物生产的天然污染物的产生,无论对于人类还是动物,饮用水污染已经成为一个日益严重的问题。因此,肉牛养殖生产的饮水需要注意以下几个方面。

1. 盐度

高含溶解固体(TDS)的饮水会导致肉牛生产性能下降。一般而言,含盐的类型(主要是氯化钠或其他化合物)不太影响牛对饮水的接受程度。牛更喜欢含盐的水,但是 TDS 增加至约 5 000 mg/L 时,肥育牛的采食量会减少,平均日增重会下降约 10%。在大多数情况下,牛摄取 TDS 含量为 5 000～7 000 mg/L 的饮水是安全的,但可能会导致生产性能下降;摄取 TDS 含量在 7 000～10 000 mg/L 的水仅对于环境应激水平低的牛是安全的;而 TDS 含量超过 10 000 mg/L 的水不适宜作为牛的饮用水。当需要利用 TDS 含量较高的水源时,应逐渐使动物适应,而不是迅速改变。同时,还要考虑到含盐饲料的问题,如含盐量有限的蛋白质或矿物质补充剂,会受到饮水中 TDS 的影响。如果给动物饲喂限制含盐量高的补充料,而供给含盐较高的饮水,那么补充料的采食量就会下降,从而导致蛋白质或矿物质缺乏。可以通过单独测量水的含盐量来确定 TDS 含量,也可用电导率来估计水的盐度。

2. 硝酸盐

硝酸盐对家畜无毒,但可在消化道转化为亚硝酸盐,阻碍血液中血红蛋白对氧的转运。亚硝酸盐可将红细胞中的血红蛋白(可结合氧)转化为高铁血红蛋白,高铁血红蛋白呈棕色,不结合氧。过量摄入硝酸盐(急性毒性)可导致牛精神沉郁,甚至猝死。如果逐渐提高硝酸盐的摄入量,牛只可能会逐步适应高水平的硝酸盐,但长期摄入也可能会导致其采食量下降、生长速度降低和流产。在农业地区用水使用井水,特别是在使用浅水井的井水时,经常遇到硝酸盐超标的问题,所以要避免将沟渠和池塘作为牛的水源地。在一些地区,多年不检测的土壤可能存在氮肥施用过量问题。氮会渗入土壤，进入浅层地下水。家畜周边未设置适当的排污管理设施，尤其像在沙质土壤上建设高密度的养猪场，可能会污染浅表水。在某些区域的其他因素也可能导致饲草中硝酸盐含量过高，因此需要考虑对牛的饮水和饲料进行硝酸盐检测。

3. 化学物质

比较常见的是硫酸盐、硫化氢、铁或锰含量过高。这些因素会改变水的味道，可能会导致牛的饮水量减少。此外，某些矿物质过量可能会干扰某些微量元素（特别是铜和锌）的正常吸收，从而导致营养缺乏。在某些情况下，浅层地下水或地表水可能会受到农药等农业化学品的污染。因此，曾长期与应用农业化学品的农田相邻的浅井、浅溪或浅塘在用作家畜水源地之前，都应进行主要化学品的检测，尤其是农药化学品（如阿尔德林、DDT、狄氏剂、氯丹、七氯、甲氧氯等）的检测。

4. 维持水质清洁，防止水源污染

除了饮水外，牛在炎热的天气里也会泅水。泅水的牛会导致水源被粪便和尿液污染，而且牛在不洁净的水中也易患乳腺炎、钩端螺旋体病等疾病。如果近期给牛喷洒过驱虫剂，更不应该让它们泅水。为保持水质洁净，可以将池塘围起来，让牛只能在池塘一处角落的小块区饮水。如果将开阔的溪流作为水源，牛会造成河岸侵蚀，其粪便和尿液还会污染水源。被污染的水可能会流向下一个牧场，并最终汇入其他河流和湖泊，导致河道藻类繁殖和鱼类死亡。同样，污染物也可能经上游进入牧场，导致钩端螺旋体病等疾病的传播。基于以上原因，建议尽量不要让牛直接踏入河流，以保护公共水源的卫生与安全。

8.1.2 饲料

体重≥320 kg 的牛应饲喂含有能量饲料（通常为玉米、大麦和小麦等）、蛋白质饲料和粗饲料的全混合日粮，并保持粗蛋白水平在 11%（干物基础）左右。大体型牛的饲料中往往需要添加更多的精料，从而可能生产出与小体型牛相同的胴体质量等级的牛肉。由于肉牛的饲料供应取决于牛的品种和市场期望的胴体质量等级，因而，在选择饲粮时，必须考虑消费市场对牛的胴体重和牛肉品质等级的要求。初始体重≤280 kg 的阉牛可以饲喂生长饲粮而非肥育饲粮。生长饲粮中的干草或其他牧草代替了精料。为达到预期的胴体等级，可以随着牛的生长发育阶段调整饲粮供给精粗比例，减少粗料比例，增加精料比例。

肉牛养殖企业的饲养制度要灵活。牧场养殖人员可以将玉米青贮和牧草青贮（偶尔）纳入饲养计划（图 8-2）。饲粮中饲草的占比取决于精料或具有同等饲料价值的食品加工副产品的价格。若精料的价格很低时，增加饲粮中牧草的占比通常会增加牛的增重成本（增重缓慢而运输成本较高）。饲粮成分可根据能获得的饲料组成决定，在提供均衡营养的同时，尽量减少增重的成本，并达到预期的市场目标。这种饲料组合的价格会随着精料价格的变化而变化。

另外，美国、加拿大、澳大利亚等在肥育牛养殖过程中普遍使用激素类促生长埋植剂，其经济效益很高。在我国，任何激素类生长促进剂均不允许在动物生产过程使用，其主要原因是应用激素类产品可能残留对消费者造成安全隐患。

图 8-2 肉牛场制作的玉米青贮饲料(李靖 供图)

8.2 应激与牛群健康

肉牛应激是当今肉牛业面临的首要问题之一,也包括养殖人员在日常实践管理中诱发的应激。

8.2.1 应激源

应激可以从心理和身体两方面对牛造成影响。发生应激时,牛的体内激素会发生一系列变化,包括释放肾上腺素、皮质醇和其他激素。心理上的应激表现为牛由于被限制、处置或其接触了不熟悉的物体或环境,引起了自身的恐惧。牛身体上的应激可由饥饿、口渴、过劳、创伤、疾病或极端温度等引起。

图 8-3 粗暴驱赶会导致牛的应激
(李靖 供图)

肾上腺素引发的应激会导致“战逃反应(fight-or-flight response)”,使动物做好快速活动肌肉的准备,以便逃跑或战斗。据研究报道,“战逃反应”带来的问题在于机体需要时间来分解这些化学物质,并通过肾脏和肝脏将其排出体外。经历一次肾上腺素刺激后,牛往往对刺激事件有较长时期的记忆。之后这个诱因会通过肾上腺素反应再次被激活,使牛采取重复的行动。高水平应激(尤其是长期的应激)会使牛的皮质醇浓度升高,抑制其免疫系统,导致牛更容易生病,繁殖能力下降,增重减少等(图 8-3)。许多处于应激期的牛会出现炎症反应和消化系统紊乱,造成瘤胃和肠道消化功能下降,瘤胃 pH 波动,从而引发瘤胃酸中毒和腹泻等。

8.2.2 日常管理

应激会对牛群产生重大的不利影响，所以养殖场应该采取措施尽量减少牛的应激影响。可以从以下几个方面进行管理：

1. 观察牛的应激症状

牛常见的应激症状包括呼吸系统问题（尤其是犊牛，可能由冷应激、热应激或疾病造成）、心率加快、排尿频率增加、保持站立（其他牛趴卧休息时）、颤抖（可能由恐惧引起）、寻找荫庇处（牛处于热应激时）、张口呼吸（尤其是热应激时）、流涎（尤其热应激时）、向身上泼水（尤其热应激时）、躁动不安、牛群聚集紧靠（尤其冷应激时）。如果观察到这些症状时，应考虑采取措施降低牛的应激水平。

2. 建立棚舍

帮助牛减少因天气变化带来的应激。

3. 降低犊牛的断奶应激影响

断奶是犊牛一生中要面临的应激风险最大的事件之一。断奶影响犊牛的两个主要方面是与母牛的分离及转移到新环境。在决定采取断奶方案的同时，需考虑到设备、劳动力和饲料等资源因素，也应尽最大可能减少犊牛的应激（图 8-4）。可以在断奶前几周向犊牛开放断奶区的通道，这样犊牛在断奶时就不会受到环境变化的影响。在断奶母子分离期间，转移母牛的位置而不要移动犊牛。断奶后，让犊牛和母牛隔着围栏接触（距离为可接触到鼻子）4～7 d。如果实际条件不允许围栏接触，可以把母牛转移到足够远的地方，使其听不到犊牛的吼叫声。在肥育场断奶，可沿围栏放置料槽、干草和水槽，减少犊牛沿围栏行走活动而更多地适应饲料和饮水。

图 8-4 通过戴鼻刺的方法减少犊牛的断奶应激（李靖 供图）

在围栏内放置水槽，可吸引犊牛饮水，有利于犊牛适应水槽中水流的声音。为避免造成更高程度的应激，去势、去角或烙号等处置操作，均需在犊牛断奶之前完成（至少在断奶前3周完成，最好在犊牛3月龄前完成）。建议在犊牛断奶前进行免疫接种，较高的抗体水平可在断奶应激期间提供一定的免疫力。

4. 减少运输应激

牛呼吸道综合征或牛呼吸道疾病综合征（BRD），也被称作"运输热"，常见于远距离运输后，多见于犊牛。其具有较强传染性，可能造成牛场巨大的经济损失。尽管目前还无法确定运输造成犊牛应激的最主要因素是什么，但大多数专家都认为，只要在运输前、中、后及时缓解或消除应激源，就能降低BRD的发病率，建议措施如下。

①装牛和卸牛时让训练有素的操作人员完成；使用设计合理的运载设备运牛；一车尽可能运输来源于同一群的牛，不要混群运输。

②犊牛如果从之前的去势、去角和断奶应激中恢复过来（如运输前45 d断奶），就能更好地适应运输应激，显著减少BRD的发生。

③避免在空气质量差和极端天气运牛，运输车内的环境尽量干净，不宜过度拥挤，车内最好有通风装置。

④有研究表明，在运输前或到达运输地后，使用长效抗生素可以显著降低BRD的发病率，但考虑到抗生素成本及使用限制，可以针对BRD高风险的牛使用。

⑤体重较轻、年龄较小的犊牛更易患BRD。因此，增加断奶犊牛的体重在一定程度上可降低BRD的风险。

8.3 初乳与犊牛健康

8.3.1 初乳对犊牛健康的重要性

在犊牛出生时，由于体内缺乏免疫球蛋白，需要依靠摄取足量的初乳来获得母源抗体，抵御常见的外界病原体。初乳中含有的主要免疫球蛋白是IgG1，但也含大量的IgG2、IgM和IgA。在犊牛出生后的几个小时内，摄入的初乳中有相当数量的免疫球蛋白会通过犊牛小肠上皮细胞转运，通过淋巴系统转运到血液中。根据血液免疫球蛋白种类的不同，会随后分别进入犊牛血管外体液和体外分泌物中。这些被吸收的免疫球蛋白，在新生犊牛期可保护它们免受微生物的全身性侵袭（因此可防止细菌性败血症）。此外，未被吸收的免疫球蛋白和重新分泌回肠道的免疫球蛋白，在犊牛出生后几周内对预防肠道感染也发挥着重要的作用。良好的被动免疫，还可减少犊牛出生后几个月内呼吸道疾病的发生，这可能是提高犊牛终生生产性能的一个决定性因素。初乳免疫球蛋白的部分被动转移或完全失败，是决定新生犊牛疾病发病率和死亡率的主要因素。犊牛获得足量的免疫球蛋白水平非常重要。

牛血清和初乳中有4种不同类型的免疫球蛋白，以G1型免疫球蛋白（IgG1）为主。母牛血液中的IgG1选择性穿过乳腺分泌上皮转移到初乳中。转移的过程在产犊前4～5周开始，大多数会一直持续到产犊时。这种积极的转移过程，会使得初乳中IgG1的浓度可能比母体血清IgG1的浓度高10倍，每毫升初乳中IgG1含量可达数百毫克。早期研究表明，要想免疫球蛋白被动转移成功，犊牛必须摄入80～100 g的免疫球蛋白。随后的研究表明，犊牛应至少摄取 150 g IgG1 才能避免被动转移失败。被动转移失败的一种情况可能是，尽管母牛产生了免疫球蛋白浓度较高的初乳，但初乳量不足；另一种情况是，母牛可以产生大量初乳，但其免疫球蛋白浓度较低，犊牛不能通过摄取足量的初乳获得所需的免疫球蛋白，这种情况在奶牛场更为常见。

疫苗可刺激动物的免疫系统产生抗体。抗体(或称免疫球蛋白)是血液细胞产生的一种蛋白质，可以帮助消灭病原体。当牛自然接触到传染性微生物时，也会产生抗体。疫苗接种是规模化牛群健康管理的重要手段，但疫苗不能提供绝对的保护，其他饲养管理手段，如生物安全、营养和环境管理，也在保护牛群免受病原侵袭方面发挥着重要作用。

8.3.2 犊牛摄食初乳管理指南

被动免疫不同于主动免疫，特点为起效快、无过渡期，输入后机体即可获得免疫力，但缺点是维持时间短。根据获得方式，被动免疫可分为天然被动免疫(如新生犊牛摄取初乳)和人工被动免疫(注射抗体)。

一般认为，在出生后 24～30 h 内新生犊牛小肠能够吸收免疫球蛋白。然而，出生后 8 h 小肠吸收能力就已经明显下降。如果能尽量缩短出生到饲喂初乳的时间，犊牛免疫球蛋白被动转移失败的比例就能降低。肉用品种犊牛一般需要在出生后 4 h 内(最好是半小时内)进食占犊牛体重 5%的初乳(约 2 L)，然后在 12 h 内进食 4～5 L 的初乳。保证犊牛能够直接从母牛吮乳是饲喂初乳最有效的方法。但是，很多情况下由于各种原因吮乳行为无法完成，此时应该及时给犊牛饲喂初乳。可以对刚产犊的母牛尽快进行初乳的收集(24 h 以内)，也可以使用之前已经储备好的来自其他健康母牛的初乳。一般来说，经产三胎以上的母牛产生的初乳质量要优于初产母牛。初乳的性状应该为黄色黏稠状。

由于初乳的重要性，繁殖母牛场最好进行初乳的收集储存工作，尤其是在产犊高峰期。初乳的来源最好来自本场的母牛群，使用其他繁殖母牛场或奶牛场的初乳要注意生物安全问题，同时也要考虑初乳的质量参差不齐的问题。初乳可以放置于塑料容器中冷冻保存，在－20 ℃可保存一年的时间而质量不发生明显变化。在 20 ℃左右可保存 2 d 左右，在冷藏条件下可保存 1 周左右。容器最好能够快速解冻，但初乳不要反复冻融。解冻时应该使用温水浴(约 50 ℃)，使用沸水解冻会破坏初乳中的抗体，解冻时间取决于容器的大小。初乳的饲喂温度应在 40～43 ℃。初乳也可使用低温的微波炉解冻，但是要随时搅动，保证热量的平均分布。

如果无法进行初乳的储备，则需要购买商业化的优质初乳粉和代乳粉。初乳粉是由牛初乳经冷冻干燥制得的产品，已经有许多商业化产品供应，可以作为初乳的代用品饲喂初生犊牛。来源于牛血清制品的代乳粉一般吸收率比较高，总体来说，代乳粉的效果不如初乳粉。一些影响初乳质量和免疫球蛋白浓度的因素如下。

(1)母牛的年龄　由于已经暴露在不同类型的抗原中，经产母牛的初乳产量和抗体浓度都会优于初产的青年母牛。年龄大的母牛往往乳房也较大，产奶效率较高，抗体运输能力也较强。

(2)品种和产奶量　能够大量产奶的品种往往其抗体浓度较低。例如，相对来说，奶用品种牛的初乳抗体水平低于肉用品种母牛。

(3)营养　对于初乳的体积、质量和抗体水平来说，母牛饲养方案的蛋白质水平都是最重要的。应该对妊娠后期母牛提供高效优质的营养方案，确保其初乳质量。

8.4 肉牛疫苗和免疫程序指南

8.4.1 疫苗分类

根据疫苗是否灭活可以将其分为两大类别——弱毒疫苗(MLV)和灭活疫苗。

1. 弱毒疫苗

弱犊疫苗(MLV),也称弱毒活疫苗或改良活疫苗,含有活的细菌或病毒,其中的病原体已经过改造,失去了一些潜在的致病因素,新的活细菌或病毒可以在刺激机体产生免疫反应的同时而不引起疾病。这类疫苗通常有两个独立的小瓶,一个装有无菌溶液或稀释剂,另一个装有粉末,使用前需要混合在一起。还有一种较新的 MLV 基因工程疫苗,通常可通过基因突变等方式改变病原体的基因。MLV 的优势在于:①需要的剂量小,可能不需要第二次(加强)疫苗接种;②免疫反应更强、更持久;③能更好地刺激细胞介导免疫;④休药期更短。MLV 的缺点包括:①需要小心储存,避免疫苗失活;②需要现混现用,使用剩下的部分不能保留;③需要小心处理和清洁注射器,避免疫苗失活;④可能导致年龄小的怀孕动物流产。

2. 灭活疫苗

灭活疫苗,俗称死疫苗,通常包括疾病暴发期间分离的细菌或病毒的野毒株,让病原体生长,然后通过化学或物理手段(例如添加福尔马林等化学物质或使用紫外线)将其杀死。注射这种被杀死的微生物不会引起疾病,但是细菌或病毒上引起免疫反应的各种蛋白质仍然存在。灭活疫苗的一类是类毒素疫苗。如梭菌会引起黑腿病(气肿疽)、破伤风、血红素尿症和其他疾病,它们带来的损害大多由释放毒素来实现。这些毒素可以在实验室生产,再通过化学手段灭活。应用类毒素疫苗最常见的例子是常用的梭菌疫苗。灭活疫苗和类毒素疫苗的优势在于:①疫苗中的病原体不会在动物之间传播;②对怀孕动物较安全,导致流产风险很小;③不用现混现用;④若使用无菌技术,使用过的小瓶装疫苗可以储存(冷藏)和再利用。灭活疫苗的缺点在于:①需要的抗原更多,因为无法在宿主机体内复制;②通常需要至少两次免疫才能获得足够的免疫应答;③通常不能有效刺激细胞介导免疫。

8.4.2 肉牛场基本免疫程序

免疫程序是指为一定地区特定动物群体制订的免疫接种计划,包括接种疫苗的类型、顺序、时间、次数、方法、时间间隔等规程和次序。建立科学的免疫程序,是预防和控制肉牛场各种动物传染性疾病的重要措施(图 8-5)。制定行之有效的肉牛场免疫程序时,应充分考虑牛场所在地的疫病流行情况、牛的种类、年龄,母源抗体水平、饲养模式和饲养管理水平等条件,以及选用疫苗的种类、性质、免疫途径等方面的因素。免疫程序实施是否有效,可根据肉牛生产力和疫病发生率及死亡率等指标来进行后评价。

由于各养殖场畜群免疫应答能力、疫苗选择、免疫时间、免疫次数上的差异,所采取的免疫程序也不尽相同。国家强制免疫的疾病必须严格执行国家和各级动物防疫监督机构有关免疫接种的规定,以有效防控地区性多发传染病的发生和传播。当肉牛群受到某些传染病的威胁时,应选择具有国家正规批准文号的生物制品进行紧急接种,以防止疫病的进一步扩散。

图 8-5　为肉牛进行疫苗接种(李靖　供图)

以下为各类肉牛养殖场中犊牛和后备母牛群(表 8-1)、成年繁殖母牛群(表 8-2)和肥育牛群(表 8-3)的参考免疫程序,供相关养殖场参考并不断完善。

表 8-1　犊牛和后备母牛的免疫程序

月龄	疫苗种类	免疫途径	备注
1	牛副伤寒灭活疫苗	皮下/肌内注射	免疫保护期 6 个月。流行地区可以对 2～10 日龄的犊牛首免
1	牛气肿疽灭活疫苗	皮下/肌内注射	免疫保护期 1 年。注意母源抗体干扰
1	牛传染性鼻气管炎疫苗	肌内注射	出生后 2～5 周龄接种 1 次,5～6 月龄接种第 2 次
1	牛病毒性腹泻疫苗	肌内注射	出生后 2～5 周龄第 1 次,5～6 月龄接种第 2 次
2	牛出血性败血症灭活疫苗	皮下/肌内注射	免疫保护期 9 个月
2	Ⅱ号炭疽芽孢苗(或无毒炭疽芽孢苗)	皮下/肌内注射	免疫保护期 1 年
3	口蹄疫 O 型-A 型-亚洲 Ⅰ 型三价灭活苗	皮下/肌内注射	90 日龄首免,用量为成年牛的一半。间隔 1 个月后进行 1 次强化免疫,以后每隔 4～6 个月免疫 1 次。定期补免。注意选择与流行毒株相匹配的血清型疫苗
3	牛衣原体疫苗	皮下/肌内注射	注意母源抗体干扰
6	梭菌多联灭活疫苗	皮下/肌内注射	免疫保护期 6 个月

续表 8-1

月龄	疫苗种类	免疫途径	备注
7	布鲁氏菌病弱毒疫苗	皮下注射	后备母牛 6～8 月龄首免,初次配种前再加强免疫 1 次
12	牛出血性败血症灭活疫苗	皮下/肌内注时	免疫保护期 9 个月
12	Ⅱ号炭疽芽孢苗(或无毒炭疽芽孢苗)	皮下/肌内注射	免疫保护期 1 年

表 8-2 适用于成年繁殖母牛群的参考免疫程序

免疫时间	疫苗种类	免疫途径	备注
每年 3 月、4 月、8 月、9 月	口蹄疫 O 型-A 型-亚洲Ⅰ型三价灭活疫苗	皮下/肌内注射	免疫保护期 6 个月,春、秋两季对所有母牛进行 1 次集中免疫,定期补免。选择与流行毒株匹配的血清型疫苗
每年 4 月、5 月、8 月	流行性热灭活疫苗	皮下注射	在蚊蝇滋生季节前接种疫苗,一般在每年 4 月初进行首免,间隔 3 周后进行第 1 次加强免疫,间隔 3 个月后再加强免疫 1 次,共免疫 3 次.可获得 6～8 个月的免疫保护期
配种前	牛病毒性腹泻-牛传染性鼻气管炎二联苗	肌内注射	初产母牛在配神前 1～3 个月(10～14 月龄);经产母牛产后或配种前 20～50 d 接种
	布鲁氏菌病弱毒疫苗	口服/皮下/肌内注射	配种前 20～50 d
	牛出血性败血症灭活疫苗	皮下/肌内注射	免疫保护期 9 个月
	牛衣原体疫苗	皮下/肌内注射	配种前 1 个月注射
产犊前	犊牛副伤寒苗	皮下/肌内注射	分娩前 4 周注射
	梭菌多联灭活疫苗	皮下/肌内注射	分娩前 4～6 周注射

表 8-3 适用于肥育牛的参考免疫程序

免疫种类	免疫途径	备注
Ⅱ号炭疽芽孢苗(或无毒炭疽芽孢苗)	皮下/肌内注射	免疫保护期 1 年,在蚊蝇活跃季节前接种;12 月龄前免疫注射,同后备母牛
口蹄疫 O 型-A 型-亚洲Ⅰ型三价灭活疫苗	皮下/肌内注射	免疫保护期 6 个月,春、秋两季对所有牛进行集中免疫(首免和加强免疫共 2 次)。定期补免。选择与血清型流行毒株匹配的疫苗
牛出血性败血症灭活疫苗	皮下/肌内注射	免疫保护期 9 个月,每年春秋或秋冬季免疫;7～8 个月加强免疫 1 次
梭菌多联灭活疫苗	皮下/肌内注射	免疫保护期 6 个月;每 4～5 个月加强免疫 1 次
牛气肿疽灭活疫苗	皮下/肌内注射	免疫保护期 1 年;每 10～11 个月加强免疫 1 次

9 兽医生物安全指南

内容提要：

生物安全对于养殖行业至关重要，直接影响整个行业的生产效率。对肉牛产业亦是如此。本章将从肉牛养殖相关的生物安全规范管理原则进行介绍，结合具体肉牛养殖过程中的具体环节讨论如何全方位有效进行生物安全防控。在学习本章后，可了解到肉牛养殖过程中生物安全的重要性、必要性以及疫病防控的具体措施。

9.1 生物安全的概念

9.1.1 生物安全的定义与目标

随着肉牛养殖业的发展，越来越多的集约化、规模化肉牛养殖场应运而生（图 9-1），国内现存的多种肉牛养殖模式可以大致分为规模化肥育（包括围栏肥育、舍饲肥育、草饲肥育）与繁殖母牛养殖（放牧养殖、小规模农户养殖、大规模集约化养殖）两类。由于养殖模式的不同，各类养殖场都面临程度不同的动物疫病防控压力，往往是对生物安全重视不足的养殖场经常出现“老病未除，新病不断”的问题，造成巨大的经济损失，而生物安全水平较高的养殖场能够尽早对各类疫病进行有效防控，保持养殖场平稳发展，这与各场的生物安全防控规划相关，无关乎场区大小。因此，养殖业主需要提高对养殖场生物安全水平的重视程度，结合兽医意见合理进行生物安全规划，完善场内生物安全建设。

广义上来说，生物安全是指与生物有关的各种因素对国家社会、经济、人民健康及生态环境所产生的危害或潜在风险，是国家安全的重要组成部分。狭义上而言，生物安全是指通过生物性传染媒介导致人、动物或植物受到直接或潜在危害。在肉牛养殖业内，我们常说的生物安全的概念，其实是一套用于防止传染性病原输入牛群，以及防止它们在牛群或动物之间传播的实践做法。通俗来说，生物安全是指降低疾病风险的策略和管理实践。

生物安全的目标是通过预防、减少或控制动物间由共同饲养、共同饲喂造成交叉感染，或直接、间接接触污染的体液（粪便，尿液，唾液等）及设施设备造成的感染，从多方面阻止致病因子的传播。在农场里，重视生物安全是减少和防止动植物病虫害的最重要措施；在肉牛养殖场内，提高生物安全水平可以防止牛群感染疾病，最大限度地减少疾病在场内的传播和流行。生

图 9-1 规模化肉牛肥育场(李靖 供图)

物有机体和生物安全之间的关系非常复杂,因此发展和维持生物安全性有一定难度,但生物安全管理是目前成本最低、最有效的疫病防控手段。不注重生物安全防范,养殖场将存在动物疫病传入的风险,任何疾病预防计划都将无法奏效,养殖户则要为随之而来的经济损失埋单。

对于肉牛而言,生物安全性通常与外来疫病有关,但该术语也适用于影响牛群健康的常见疾病,例如黑腿病和牛病毒性腹泻等。做好生物安全防范工作是疾病防控的第一抓手,各养殖场需制定生物安全管理规范并保障措施顺利实施。生物安全管理实践通常包括以下内容:限制新动物的来源;隔离和检测新引进的动物;控制场内啮齿动物及其他可作为传播媒介的动物数量;减少或避免牛群与外界牛或其他动物的接触;控制人员和车辆进出场;提高动物对疾病的抵抗力(例如疫苗接种)。

养殖户需要根据各肉牛养殖场的养殖模式和特点,咨询兽医专家意见"量身定制"一套简单而又全面的生物安全管理规范,将一系列基本管理措施落实到位,防止疾病的引入和传播,在保障肉牛行业平稳发展的同时增加养殖户的经济收益。

9.1.2 生物安全国际背景介绍

生物安全问题在 20 世纪 80 年代开始引起国际关注,而到 2000 年才出台《卡塔赫纳生物安全议定书》开放多国签署。早在第一次世界大战时期就出现生化武器的使用,在现代大规模杀伤性武器中,生物武器的面积效应最大。生物安全问题大到影响国家社会、经济、人民健康及生态环境,小到影响人类、动植物健康。

我国在经历了 2018 年非洲猪瘟疫情及 2020 年新型冠状病毒感染疫情后,促使涉及国家公共卫生安全的生物相关因素包括动物、植物、微生物造成的安全问题提上日程,于 2020 年 10 月由全国人大常委会表决通过了《中华人民共和国生物安全法》,并于 2021 年 4 月 15 日正式实施。该法明确了生物安全的重要地位,针对生物安全领域的主要风险问题做出规范,完善了我国生物安全风险防控体制，提高了国家生物安全治理能力。不过，我国还没有出台专门针对肉牛养殖场的生物安全标准，因此各类肉牛养殖场需要根据本场情况自行制定生物安全管理规范。

9.1.3 国外生物安全标准

在国外，肉牛养殖生产者已经认识到生物安全的重要性，必须采取合理的养殖场生物安全措施来管理疾病风险，保护牛群的健康，维护肉牛养殖业的平稳发展，进而保护国家牛群和畜牧行业。美国各州、加拿大、澳大利亚等均制定了比较完善的针对肉牛养殖场的生物安全标准。加拿大肉牛养殖生产者、肉牛养殖行业和政府协商，共同制定出专门针对加拿大肉牛行业所设计的《加拿大肉牛场生物安全标准》，该标准适用于各种类型和规模的肉牛养殖场，为养殖场生物安全实践提供了实用有效的方法，只要养殖户落实防治措施就可有效降低疾病风险。根据国外的经验，降低养殖场生物疫病风险包括 4 个基本原则：①管理和最大限度地降低动物流动带来的风险；②管理人员、车辆、设备和工具的移动；③动物健康和卫生管理；④生物安全知识和人员定期培训。

根据以上原则制定生物安全标准，可以控制并降低牛群中出现地方病或外来动物疾病的风险和影响（图 9-2）。出于成本效益考虑，一套完善的生物安全标准往往是成本最小的疫病防控措施，而且能够取得良好成果。

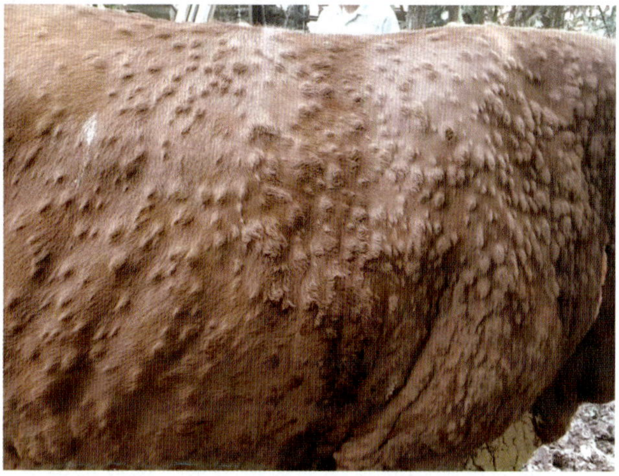

图 9-2 最新传入的牛结节性皮肤病（李靖 供图）

我国肉牛养殖模式多样，养殖场规模大小不等，养殖户们可以参考国外成文的生物安全标准，再结合场区自身情况和特点，咨询兽医及专业人士制定切实可用的生物安全规范，保障肉牛健康，提高生产性能，增加养殖场的经济效益。

9.2 肉牛场生物安全规范

9.2.1 总体设计规划

为了有效地制定生物安全管理措施，保障防控计划的规范实施，养殖户和兽医需要合作，设计出符合养殖场养殖模式和特点的规划方案，总体设计规划流程可分为“三步走”战略。

第一步，风险评估。养殖户和兽医必须仔细审查评估养殖场内可能存在生物安全风险的区域。风险评估有助于确定养殖场内哪些区域或哪些因素最有可能成为传染媒介或导致疾病的蔓延。

疾病传播的 3 个重要环节为传染源、传播途径和易感动物。考虑生物安全性问题也要从这 3 个环节入手，逐步审查存在生物安全风险的因素。通常疾病主要以 7 种方式在肉牛养殖场传播:①气溶胶传播,即病原体通过打喷嚏或咳嗽而散落在空气中;②接触传播,即病原体从开放性伤口、血液、黏膜侵入;③经口传播,即食入受污染的饲料、饮水或舔舐带病原的物品;④经生殖道或胎盘传播,即病原体在交配或妊娠过程中传播;⑤流动车辆及人群传播,即通过拖车、卡车等交通工具以及外来人员的衣物、鞋子上携带的病原体传播给易感动物;⑥动物媒介传播,即由昆虫、动物或人将病原体传播给易感动物;⑦污染物传播,即受到病原体污染的土壤、患病动物的排泄物及尸体等传播疫病。

直接传播通常指病原体通过接触开放性伤口、唾液、血液或黏膜传播,或通过打喷嚏或咳嗽进行传播。间接传播指易感动物接触到被病原体污染的物体或设备从而患病。例如,用未经过严格消毒的容器给犊牛喂食,就可能造成疾病的间接传播。

第二步,针对风险区域制定管理措施。通过对养殖场各区域风险因素的客观分析考察,兽医和其他专业人员协助养殖户确定关键的生物安全防控领域,制定一套切实可行的生物安全防控计划,因地制宜地实施防控管理措施。结合疾病传播方式、流行情况及场区布局、养殖目标进行综合判断,根据风险因素将场区划分为低风险区域(绿色)、中风险区域(黄色)和高风险区域(红色)。例如繁殖母牛集约化养殖场,风险较低的区域通常是养殖场办公区和饲养员住宅区。中风险区域包括繁殖母牛舍、后备母牛舍、肥育牛舍等。高风险区域包括妊娠母牛舍、产房或犊牛舍等。根据风险类型的不同,高风险区域的易感动物患疾病的风险更大,因此必须严格执行生物安全管理措施,并且制定生物安全规范表和协定书。通常制定养殖场生物安全规范从外部生物安全(即降低病原传入)和内部生物安全(即降低病原在内部传播)两方面入手。国外肉牛场将生物安全规范原则简单用“IRS”概括,即隔离(isolation)-抵抗力(resistance)-卫生(sanitation)的英文首字母缩写组成,根据这三个原则,制定生物安全管理措施。

第三步,风险沟通。养殖场管理团队的所有员工、场区饲养员、兽医乃至供应商和销售客户都需要明确生物安全规范以及实践措施的具体内容,确保各项引种、销售和合作计划的顺利实施。所有在养殖场工作或到访养殖场的人员都应了解并遵守肉牛场生物安全规范的要求。

9.2.2 降低病原由外部传入的具体方法

降低病原由外部传入养殖场需要从以下五个主要环节实施“外防输入”策略:引种入群;新引进动物的隔离;周边动物的接触;交通工具;人员流动。针对各个环节外防输入的具体管理措施或方法如下。

1. 引无疫病动物入群

仅引入已知来源的、无疫病暴发的养殖场的肉牛。封闭的牛群往往是抵御疾病传入的最优保障。考虑到生产性能改善及种群优化等问题,还需要引入新的动物,包括新的精液、卵子或胚胎。在购买动物时,要求对方出具疾病治疗和疫苗接种记录;精液等用于进行人工授精的遗传物质需经过严格检测,否则可能会引入滴虫、牛瘟病毒和牛源性牛白血病(EBL)等疾病。因此,在引种时,需要考虑到潜在的疾病风险,必须重视生物安全问题。

2. 新引进动物的隔离

建议对新引进的动物隔离饲养至少 4 周。在销售及运输过程中,由于与其他动物接触,一些易感群体,特别是断奶牛可能会感染传染性疾病,例如,牛呼吸道疾病和牛瘟病毒这类牛群因缺乏免疫力而易患的疾病。如果肉牛在购买后或隔离期间生病,养殖户应立即咨询兽医进行检查和治疗。早期发现和及时治疗可以防止将疾病传播到牛群中。在隔离期间,还建议对牛群进行体内和体外寄生虫驱虫，甚至进行疫苗接种，以保证新引进动物的健康状况与其他牛群的健康状况相当。将隔离区动物限制在便于管理且远离圈舍的地方，及时清理排泄物，保证粪便、受污染的植物、饲料、饮水都仅限于该区域，不会到达其他牛群活动的范围内。

3. 减少与其他动物接触

减少牛群与野生动物、流浪动物或附近散养动物的接触，还要注意控制鸟类、啮齿类动物及昆虫的数量。通常养殖场圈舍应该远离生活区及居民区，避免家养宠物或流浪动物接触牛群，可在养殖中心外围设置围墙和电网，并种植灌木将养殖场与外界、圈舍与圈舍隔开。鹿可以传播牛结核病，绵羊、猪和许多其他物种间可以互相传播口蹄疫，因此必须控制牛群与周边其他动物的接触。如果防控不力，可能会造成口蹄疫等疫病扩散传播(图 9-3)。

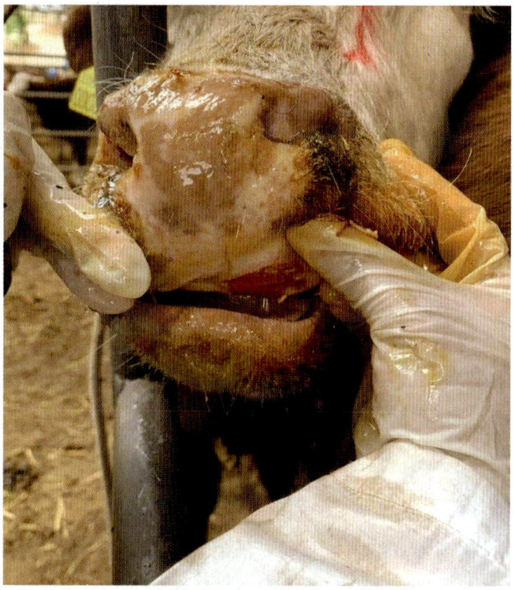

图 9-3　生物安全防控不力造成牛场口蹄疫扩散传播的案例(李靖　供图)

4. 交通工具严格消毒

控制并尽可能地减少外来车辆在场区内流动，私家车辆禁止进入生产区，进出场区的车辆包括饲料运输车、动物运载卡车、粪污运输车等应严格消毒，控制每日车次，每次做好记录，并且尽量安排来往均为同一趟车辆并行驶相同路线。运载动物尸体的车辆严禁从场区中间穿行。场区大门口设置车辆消毒池，每日及时更换消毒液，消毒液量要足以浸泡车轮胎一半以上，消毒池长度要允许车辆行驶时轮胎完全浸没消毒，每次拉货前、卸货后都应对车辆及驾驶人员进行全面消毒，尤其是运载动物和各类废品及污染物的车辆。场区内最好单独设置饲料及粪污处理设备，远离养殖区，每次卡车拉卸货物都应位于处理设备至少 30 m 之外的地方，避免污染饲料。动物尸体处理区的车辆和员工未经清洁和消毒，不得随意外出。应当对病死动物的尸体进行无害化处理，尸体处理区的撤离点单独设置通道，允许卡车进出，但不允许经过健康牛饲养区，以避免疾病的交叉传播。

5. 减少人员流动

减少外界人员的流动，所有人员出入场区需进行登记，进入生产区可能接触牛群的人员，应在消毒后穿着干净的工作服和靴子入场。所有养殖场工人应穿着消毒后的干净工作服和靴子上班。各圈舍安排对应工作人员，非必要不串场，不流动。如必要情况下需到其他圈舍内，应保证工作服和靴子清洁干净，没有粪便、灰尘、污垢和血液，注意靴子要浸泡消毒液后再进其他圈舍。兽医出入场区也需要严格遵守生物安全规定，应穿着干净的衣服和靴子，做好消毒，避免在不同的养殖场间传播疾病。兽医使用的设备在使用前后应进行彻底消毒。所有流动人员均应严格遵循消毒程序，做好出入场区的记录，尽可能地减少人员数量和出入次数。在圈养生产区入口处、养殖场区外围及大门处张贴生物安全标志，这些标志可用于告知场外人员勿随意进入养殖场，还可以在一定程度上控制养殖场内外(重点是圈养生产区域周围)的人员和交通流量。

9.2.3 降低病原在内部传播的具体方法

降低病原在养殖场内部传播(或称“内防传播”)需要考虑种群接触、驱鸟除虫、饲养管理、疫苗免疫、卫生环境等五个方面的因素。针对各个因素需要制定具体内防传播的管理措施或方法。

1. 减少牛群相互接触

尽量减少相邻牛群之间的接触,以防止处于潜伏期或排毒期的动物越过围栏通过鼻与鼻之间的接触而传播疾病。通过设置通电栅栏等方式防止与其他养殖场的动物接触(图 9-4)。其最好的方法是种植灌木或树木将各个牛场单独隔开。建设好围墙并维护好栅栏的完整性,也能减少野生动物、流浪动物或附近家养动物进入养殖区。

图 9-4 利用电围栏隔开牛场可防止牛或其他动物翻越(朱怡平 供图)

2. 驱鸟除虫

在养殖场周边设置风力驱鸟器或驱鸟彩带,清理剩余谷物、饲料。饲料加工存放区会吸引较多鸟类觅食,故饲料加工存放区应远离养殖区。严格控制害虫数量,做好饲料防鼠防虫,设置规范化尸体处理区,对尸体进行无害化处理,以有效减少害虫数量。注意杀虫(鼠)剂或驱虫剂要放置在牛群接触不到的地方,避免牛群误食发生中毒。做好牛群常规体内外驱虫,控制苍蝇和蚊虫数量。蚊蝇作为传播媒介可造成红眼病、血液疾病的传播。

3. 科学饲养管理

重视科学的饲养管理,保障牛群饲养环境卫生舒适、饲料营养摄取充分,并且让牛群可以适当运动。控制圈舍温度、湿度,注意通风换气,保证圈舍内空气清新,可以有效抑制病原微生物繁殖。另外,动物在舒适的环境中可以更好地发挥生产性能。此外,需要为不同生长阶段的牛群制定不同的营养计划,因此需要分开饲喂,注意营养配比,增强动物体况,提高抗病能力。

4. 疫苗免疫

动物体的自身防御系统可提供自然免疫力,例如皮肤屏障、鼻黏膜和鼻毛等都可作为第一道屏障抵御病原入侵，因此要注意饲养管理，增强机体抵抗力。免疫可分为主动免疫和被动免疫两种。被动免疫是指动物机体被动地接受抗体，例如胎儿可以通过胎盘获得子宫内抗体，犊牛摄食初乳获得母源抗体保护等。注意新生犊牛必须在出生后的 1～6 h 内吃到初乳。主动免疫是通过疫苗或类毒素接种使机体产生获得性免疫。各肉牛养殖场生物安全防范制度的完善，都需要健全的疫苗免疫计划。养殖户需要咨询兽医制定一套合理的疫苗免疫计划，疫苗注射的注意事项需进行详细说明。在接种疫苗前要详细阅读疫苗药物说明书，确定疫苗种类和使用对象，并在保质期内使用疫苗。保障疫苗冷链运输与冷藏储存。尽量使用无菌一次性针头给动物注射疫苗，保证一个动物用一个针头，切勿交叉使用。若使用不锈钢注射器，则需在给另一头牛注射前使用沸水而非化学消毒剂对注射器进行消毒。需要混合的弱毒疫苗（或改良活疫苗）需在 1h 内用完。仔细记录牛群疫苗接种数据。

5. 保持环境卫生

肉牛养殖场的卫生清洁工作涉及多个方面。保障场区卫生状况良好，包括办公区、生活区、养殖区的环境卫生、设备表面卫生以及饲料、饮水和垫料的卫生。重点是注意各类设施设备表面的卫生消毒工作，养殖区需每月进行常规棚舍消毒，可用 5%漂白粉消毒水泥地面；用 3%甲醛溶液对设施用具进行喷洒消毒；密闭舍饲用甲醛熏蒸消毒；土壤消毒可在翻土时混合漂白粉，然后用水湿润、压实。废料、粪便及用过的垫料的处理需要用某些特殊的清洁设备，例如饲料处理装置、粪便处理装置等。高温堆肥病原及其传播媒介是发酵温度高，可以很好地杀灭病菌和虫卵，所以是粪便无害化处理的环保方法。需要注意的是，高温堆肥区域应该远离养殖区，而运载卡车也不要在场区内随意穿行。医疗用品装入生物安全垃圾袋，在进行高压灭菌后，送到专门的处理机构进行处理。需要注意的是，专门设置病死畜尸体处理区，远离养殖区并单独设置撤离通道供人员和车辆通行，对病死动物尸体进行消毒后再进行无害化处理。

实施生物安全管理措施的目的旨在通过最大限度地减少操作过程中（病毒、细菌、啮齿动物、苍蝇等）的移动来防止疾病传播。

9.3 肉牛场生物安全措施

国内肉牛养殖场在制定生物安全规范时，通常从外部生物安全（即降低病原传入或称“外防输入”）和内部生物安全（即降低病原体在内部传播，或称“内防传播”）两方面入手，来降低病原传入和在内部传播的风险。基于国外集约化肉牛养殖场的成功经验，实施肉牛场“外防输入”“内防传播”的具体生物安全规范和方法时，需遵循“IRS”原则，将生物安全规范简单地用隔离（isolation）、抵抗力（resistance）、卫生（sanitation）等 3 个词来概括，根据这 3 个原则制定和实施生物安全管理措施。下面将会对“IRS”原则进行具体介绍，其中所涉及的生物安全管理措施与其他畜牧养殖场实施的生物安全规范内容相类似。本章旨在给肉牛养殖户提供多种生物安全规划的思路，以结合肉牛养殖场的养殖模式及特点，制定符合本场区需求的实践管理措施。

9.3.1 隔离

“隔离”不只包括新引进动物的隔离筛查，也包含原有圈舍内部不同牛群之间的隔离措施、患病牛的隔离治疗以及牛群与外界动物之间的隔离。封闭牛群中增加新引进的动物存在非常大的生物安全风险，因此需要制定一套合理的引种流程，包括引入前的健康筛查、病史记录和免疫驱虫情况调查；引入养殖场后隔离区域的圈舍区域选择、设施建设以及饲养管理；还包括隔离期间的疾病筛查、体况检测，以及发病的及时诊治与处理等内容。对于引入的精液、卵子或胚胎等遗传资源，在进行人工繁育前需要严格检测，对来源进行筛查，要从有安全保障的、熟悉的、无疫病养殖区（或场）购买。

做好牛群之间的隔离，很多处于疾病潜伏期的牛看上去和健康牛状态无异，病原携带者（已经感染但不表现临床症状）可通过与其他牛的接触而传播疾病。因此要做好疾病的防控和筛查，各牛群之间要分开饲养、不同圈舍用栅栏或树木等自然屏障隔离开，减少牛群之间的接触。这些隔离带也有助于阻挡牛群与外界动物的接触。

对于病牛要单独圈养治疗，遵循早发现、早治疗的原则，咨询兽医并根据兽医的建议进行治疗。隔离治疗期间保障患病牛的正常饲养管理，补充营养并每日进行粪便清理和圈舍消毒，待病畜完全康复后（症状完全消失后）再隔离观察 2～3 周，经兽医确认无误后再放回原圈舍饲养。此做法是为了避免动物在症状消失后仍携带病原感染易感动物。注意出入隔离区域的工作人员、兽医、设备以及运载卡车都要及时消毒，保证衣物、靴子、流动设备干净。患严重传染性疾病如口蹄疫时，需要及时向有关政府兽医主管部门报备，并进行全群扑杀和种群净化。

9.3.2 抵抗力

“抵抗力”一词指代改善动物抗病能力的营养、环境、药理和免疫学方法。养殖户需要咨询兽医制定一套合理的疫苗免疫计划，单一的免疫程序并不适用于所有牛群，因此需要兽医进行综合评估并推荐针对特定牛群的最具成本效益的免疫计划。长期以来，使用抗生素治疗和免疫接种一直是控制传染病的主要方法，这 2 种方法的重要性不容忽视。如今，越来越多的国内外专家学者推荐将疾病防控重点放在提高动物的自然抗病能力上，将治疗和免疫作为辅助手段。合理的营养计划可促进牛群的健康生长，而合理的管理模式可以最大限度地减少牛群应激，增强动物对多种传染源的抵抗力，提高动物的生产性能。另外，营养状况良好的动物通常对抗生素治疗和免疫接种的反应性也更好。

9.3.3 卫生

“卫生”包括环境卫生、人员卫生、设备卫生、车辆卫生等 4 个方面。

（1）环境卫生　需要做到粪便、垫料、废物的及时清理与专业集中处理，无论是靠人工清理还是机械自动化清理，都需要合理地安排，定时完成。主要目的是防止被粪便或带病原的体液污染的饲料、饮水或土壤进入牛的口腔（粪便-口腔交叉污染），并且制定严格的消毒计划，对圈舍、地面、料槽、用具、土壤进行定期消毒。若场内暴发传染性疾病，则应根据不同病原的特点有针对性地采取消毒措施，例如，炭疽杆菌的芽孢耐高温和耐干燥，可在土壤中存在数十年，因此发生炭疽时要对土壤进行彻底消毒。粪便及病死动物及其组织应进行无害化处理。

（2）人员卫生　是指出入养殖场的所有员工、兽医及访客均要遵守生物安全管理规定，进行严格的消毒。养殖场内应配置专门的工作服洗涤烘干设施，鼓励员工使用漂白剂清洗衣物。饲养员在接触妊娠动物、患病动物以及犊牛前后均要洗手，出入场区时进行衣物、靴子的消毒，非必要不串场。某些人兽共患病要格外注意安全防护，使用一次性医疗物品。在接触易感动物或进行产科操作时，建议佩戴一次性无菌手套。

(3)设备卫生　涉及养殖区的料槽、保定架、农具,常用修蹄刀、快剪、文身钳、耳标钳及医疗设备的清洁与消毒。在大多数情况下,彻底清洁可清除多达95%的病原体,因此设备使用后要注意充分地清洁。可能被患病牛或病死牛血液、唾液和尿液污染的圈舍及设备,应进行全面清洁及消毒。引入牛的运载车辆及设备,在使用前要实施严格的消毒措施。饲料的装载机和处理机必须彻底清洗,勿用接触粪便的工具处理饲料。

(4)车辆卫生　车辆进出场区的频率及次数要加以控制,每次出入场区都要经过消毒池消毒。勿用运载粪便的车辆运载饲料及其他物品。在运载活牛时,确保卡车上有干净整洁的垫料,以免在运输途中对肉牛造成伤害。每次运输前后都要对车辆轮胎、车辆内部进行清洗和消毒。

参 考 文 献

[1] 于化福，靳文仲，刘景喜，等. 常见犊牛腹泻病原的检测要点和防控措施[J]. 中国乳业，2020(11)：57-59.

[2] 万发春，张幸开，张丽萍，等. 牛肉品质评定的主要指标 [J]. 中国畜牧兽医，2004(12)：17-19.

[3] 王春香，智宇. 浅谈住肉孢子虫病及其防治措施 [J]. 现代农业，2015(2)：113-114.

[4] 王洪亮. 牛传染性角膜结膜炎科学防治措施 [J]. 中国畜禽种业，2016，12(12)：121-122.

[5]中华人民共和国农业部. NY/T 541-2002 动物疫病实验室检验采样方法[S]. 北京：中国农业出版社，2002.

[6]中华人民共和国国家质量监督检验检疫总局，中国国家标准化管理委员会. GB/T 18646—2018　动物布鲁氏菌病诊断技术[S]. 北京：中国标准出版社，2018.

[7] 中国兽药典委员会. 中华人民共和国兽药典 [M]. 北京：中国农业出版社，2006.

[8] 邓宇. 牛病毒性腹泻病毒(BVDV)抗原捕获 ELISA 检测试剂盒的标准化研究 [D]. 石河子：石河子大学，2006.

[9] 朱晓芳. 牛腐蹄病的病因及综合防治措施 [J]. 畜禽业，2020，31(9)：102-104.

[10] 乔立桥. 牛滴虫病的诊断及治控 [J]. 畜牧兽医科技信息，2019(11)：67.

[11] 乔立桥. 家畜肉孢子虫病的诊断与防控 [J]. 畜牧兽医科技信息，2019(10)：70.

[12] 刘冬梅. 中西医结合诊治牛尿石症 [J]. 兽医导刊，2018(13)：64-66.

[13] 刘芳，张培艺. 牛吸虫病和牛胎毛滴虫病的诊断与防治 [J]. 畜牧与饲料科学，2013，34(3)：123-125.

[14] 刘莉，何国安，龚佳龙，等. 发热黄疸型牛病的临床鉴别与治疗 [J]. 中国畜禽种业，2012，8(3)：107-108.

[15] 孙心. 奶牛生殖道弯杆菌病的诊治 [J]. 黑龙江动物繁殖，2013，21(4)：40.

[16] 孙艳，冯晓微，刘明超. 肉牛养殖过程中常用免疫程序及驱虫方法 [J]. 今日畜牧兽医，2021，37(5)：34-45.

[17] 孙浩，耿广多，杜乐新. 两例牛毛滴虫病的诊治体会 [J]. 中国乳业，2014(4)：32-33.

[18] 孙维贤. 肉牛腐蹄病的诊断、治疗及综合防治探讨 [J]. 畜禽业，2020，31(12)：114-116.

[19] 孙滔，米荣升，张烨华，等. 基于不同靶基因的 3 种住肉孢子虫 PCR 检测方法比较 [J]. 动物医学进展，2020，41(12)：1-6.

[20] 苏江涛，张广利. 牛传染性角膜结膜炎的诊治 [J]. 畜牧兽医科技信息，2012(7)：56-57.

[21] 杜博亚. 新孢子虫原癌基因调控蛋白 MYR 基因敲除株的构建及其功能研究 [D]. 长春：吉林大学，2020.
[22] 李玉芬，王刚，高海岩. 综合防治钩端螺旋体病 [J]. 畜牧兽医科技信息，2010(2)：19.
[23] 李世双. 市场屠宰牛住肉孢子虫病的调查报告 [J]. 青海畜牧兽医杂志，2014，44(5)：26.
[24] 李珊，李旭蓉，张文波，等. 张掖市规模化肉牛养殖场主要疫病的流行病学和血清学调查 [J]. 中兽医学杂志，2017(2)：89-91.
[25] 李秋凤，李建国，高艳霞，等. 肉牛规模化健康养殖关键技术创新研究，河北省畜牧兽医科技创新论坛[C]，中国河北石家庄，F，2007.
[26] 李彦波. 肉牛钩端螺旋体病的流行病学、症状、诊断与防治 [J]. 现代畜牧科技，2017(3)：126.
[27] 李娇. 牛病毒性腹泻病毒 E2 蛋白的原核表达与巢式 RT-PCR 检测方法的建立和应用 [D]. 北京：中国农业科学院，2008.
[28] 肖定汉. 牛病防治 [M]. 北京：中国农业大学出版社，2000.
[29] 吴三卫. 毛滴虫病引起牛低育的临床症状与诊断方法及防控措施 [J]. 当代畜牧，2018(5)：15-16.
[30] 吴坤，张麟，李干洲，等. 肉牛规模养殖中疫病防控存在问题与对策 [J]. 贵州畜牧兽医，2017，41(6)：34-36.
[31] 吴建辉，孙学全，李建国. 肉牛常见疾病免疫程序与使用疫苗种类及注意事项 [J]. 畜禽业，2015(8)：8-10.
[32] 吴清民. 兽医传染病学 [M]. 北京：中国农业大学出版社，2002：122-131.
[33] 邱昌庆. 奶牛乳房炎的诊断与防治技术(一) [J]. 中国动物保健，2012，14(3)：42-44.
[34] 何正波，郭艳英. 牛腐蹄病病因及综合防治 [J]. 畜牧兽医科学(电子版)，2020(6)：123-124.
[35] 张安荣，王艳. 牛腹泻症的鉴别与预防 [J]. 中国畜牧业，2020(8)：82.
[36] 张花菊，丁亚军，王李辉. 规模牛场疫病防控体系的缺失与构建，第九届(2014)中国牛业发展大会[C]. 中国海南澄迈，F，2014.
[37] 张慧丽. 繁殖母牛几种常见病的诊治方法 [J]. 畜牧兽医科技信息，2020(3)：76-77.
[38] 陈千林. 新孢子虫病和弓形虫病 TaqMan-MGB 定量荧光 PCR 检测方法的建立及初步应用研究 [D]. 乌鲁木齐：新疆农业大学，2016.
[39] 陈颖钰，郭爱珍. 疾病防控能力决定肉牛产业的核心国际竞争力 [J]. 中国奶牛，2015(14)：7-13.
[40] 林秀清，徐大文. 浅谈奶牛子宫脱出的防治 [J]. 科学种养，2017(5)：42-43.
[41] 金鹰，秀荣. 母牛流产原因分析及诊治 [J]. 兽医导刊，2017(21)：61.
[42] 孟莹. 犬源毛滴虫的分离鉴定及其生物学特性研究 [D]. 长春：吉林大学，2013.
[43] 赵全明. 肉牛钩端螺旋体病的流行病学、临床症状、剖检变化、诊断和防控措施 [J]. 现代畜牧科技，2020(5)：51-52.
[44] 赵航. 2021 年中国肉牛业生产形势分析及 2022 年趋势展望 [J]. 畜牧产业，2022，407(02)：50-55.
[45] 胡起红. 牛腐蹄病治疗技术浅析 [J]. 中国畜禽种业，2020，16(1)：146.

[46] 钟发刚. 牛病毒性腹泻病毒抗原检测、流行病学研究及分离株 E2 基因的克隆表达 [D]. 雅案:四川农业大学,2008.
[47] 钟岩. 阜蒙肉牛疾病的调查 [J]. 中国畜禽种业,2015,11(10): 35.
[48] 秦艳富. 试析牛传染性角膜结膜炎的防治 [J]. 农民致富之友,2017(21): 63.
[49] 袁康文. 雅安市雨城区奶牛隐性乳房炎的调查研究 [D]. 雅安:四川农业大学,2007.
[50] 徐芝华,宋亚攀. 经产奶牛低血钙科学防治新途径 [J]. 养殖与饲料,2012(11): 67-69.
[51] 陶青,于明鑫,赵玉辉,等. 辽西地区奶牛临床型乳房炎发病规律的调查及其综合防治措施探讨 [J]. 中国奶牛,2008(6): 47-49.
[52] 黄张玲. 广西部分地区牛场主要疫病血清流行病学调查 [D]. 南宁: 广西大学,2016.
[53] 黄群德. 浅谈牛传染性角膜结膜炎防治措施 [J]. 中国畜禽种业,2017,13(1): 126-127.
[54] 曹东春,闫丹. 牛毛滴虫病的诊断与防控 [J]. 畜牧兽医科技信息,2019(12): 108.
[55] 董辉,陆瑶瑶,王英华,等. 牛和羊心肌住肉孢子虫包囊病理组织学及分型研究,中国兽医病理学 2017 年学术研讨会暨兽医病理学分会第九次全国会员代表大会[C]. 中国辽宁锦州, 2017.
[56] 董辉,陆瑶瑶,杨玉荣. 牛肉住肉孢子虫的种类及其危害研究进展 [J]. 中国人兽共患病学报,2017,33(8): 734-740.
[57] 蔺晓月. 山东省部分地区规模化牛场五种主要疫病的流行情况调查 [D]. 泰安: 山东农业大学,2015.
[58] 魏玉兵,魏玉明,张翠花. 张掖市规模化肉牛场疫病防控体系的建立和推广 [J]. 中国牛业科学,2011,37(5): 61-63.
[59] ANDREWS A H, BLOWEY R W, BOYD H, et al. Bovine medicine: diseases and husbandry of cattle [M]. State of New Jersey: John Wiley & Sons, 2008:1233.
[60] ANGELOS J A. Infectious bovine keratoconjunctivitis (pinkeye) [J]. Vet Clin North Am Food Anim Pract, 2015, 31(1): 61-79.
[61] AUSTRALIA A H, ASSOCIATION A L F. National Biosecurity Manual for Beef Cattle Feedlots [M]. Canberra: Animal Health Australia, 2013: 7-17.
[62] BAKER F. Running a small beef herd [M]. Ontario: Landlinks Press, 2008: 120.
[63] BULLOCK D, SERVICE U o K C E. The Kentucky Beef Book [M]. Kentucky: Cooperative Extension Service, University of Kentucky, College of Agriculture, 1997.
[64] BURLINGAME B, DERNINI S. Sustainable diets and biodiversity [M]. Paris: Research and Action, 2010.
[65] CALLAN R J, GARRY F B. Biosecurity and bovine respiratory disease [J]. Vet Clin North Am Food Anim Pract, 2002, 18(1): 57-77.
[66] CHENOWETH P J. Beef Practice: Cow-Calf Production Medicine [M]. New Jersey: Wiley. 2005: 67-108.
[67] COCKCROFT P. Bovine Medicine [M]. New Jersey: Wiley, 2015.
[68] COOK N B. Population Medicine and Herd Health Planning [J]. Bovine Medicine, 2015: 280.
[69] FAOSTAT. Statistical Division [DB/OL]. (2020)[2022-4-11]. http://www.fao.org/

faostat/en/ # data.
[70] FIELD T G. Beef Production and Management Decisions [M]. Pearson Prentice Hall, 2007: 488-537.
[71] FORBES A B. Parasites of Cattle and Sheep: A Practical Guide to their Biology and Control [M]. CAB International, 2020.
[72] GARIJO T M. Atlas of Parasitic Diseases in Ruminants [M]. Paris: OIE(World Organisation for Animal Health), 2021.
[73] GERBER P J, STEINFELD H, HENDERSON B, et al. Tackling climate change through livestock: a global assessment of emissions and mitigation opportunities [M]. Paris: Food and Agriculture Organization of the United Nations (FAO), 2013.
[74] GOVERNMENT T Y. Cattle Health Handbook for Yukon Farmers [M/OL]. Neonatal scours, 2016. https://yukon. ca/sites/yukon. ca/files/env/env-cattle-health-handbook. pdf.
[75] GRIFFIN D, CHENGAPPA M M, Kuszak J, et al. Bacterial pathogens of the bovine respiratory disease complex [J]. Vet Clin North Am Food Anim Pract, 2010, 26(2): 381-394.
[76] GRIFFIN D, CHENGAPPA M M, Kuszak J, et al. Bacterial pathogens of the bovine respiratory disease complex [J]. Veterinary Clinics: Food Animal Practice, 2010, 26(2): 381-394.
[77] HOCQUETTE J F, CHATELLIER V. Prospects for the European beef sector over the next 30 years [J]. Animal Frontiers, 2011, 1(2): 20-28.
[78] HOCQUETTE J F, ELLIES-OURY M P, Lherm M, et al. Current situation and future prospects for beef production in Europe—A review [J]. Asian-Australasian journal of animal sciences, 2018, 31(7): 1017.
[79] KAHN C M, LINE S. The Merck Veterinary Manual [M]. State of New Jersey: Merc & Company, 2010: 1249-1289.
[80] KAHN C M, LINE S. The Merck Veterinary Manual [M]. State of Now Jersey: Merc & Company, 2010: 115-393.
[81] KIRKLAND P D. Akabane virus infection [J]. Rev Sci Tech, 2015, 34(2): 403-410.
[82] LI X Z, YAN C G, ZAN L S. Current situation and future prospects for beef production in China- A review [J]. Asian-Australas J Anim Sci, 2018, 31(7): 984-991.
[83] MIESNER M D, REPPERT E J. Diagnosis and Treatment of Hardware Disease [J]. Vet Clin North Am Food Anim Pract, 2017, 33(3): 513-523.
[84] National Academies of Sciences E, Medicine. Nutrient Requirements of Beef Cattle: Eighth Revised Edition [M]. Washington, DC: The National Academies Press, 2016.
[85] OECD, FAO. OECD-FAO agricultural outlook 2021-2030 [M]. Paris, France: OECD Publishing, 2021.
[86] OIE. Terrestrial Animal Health Code. Chapter 7. 1. Introduction to the recommendations for animal welfare [J]. 2015.

[87] Phillips C. Cattle Behaviour and Welfare[M]. John Wiley &Sans, 2008.
[88] SCOTT P R, PENNY C D, MACRAE A. Cattle Medicine [M]. Ontario: Taylor & Francis, 2011: 74-76.
[89] SMITH B P, VAN METRE D C, PUSTERLA N. Large Animal Internal Medicine [M]. Amsterdam: Elsevier, 2019: 945-1002.
[90] SMITH S, GOTOH T, GREENWOOD P. Current Situation and Future Prospects for Global Beef Production: Overview of Special Issue [J]. Asian-Australasian Journal of Animal Sciences, 2018, 31.
[91] SPRYGIN A, PESTOVA Y, WALLACE D, et al. Transmission of lumpy skin disease virus: A short review [J]. Virus research, 2019, 269: 197637.
[92] THOMAS H S. Storey's Guide to Raising Beef Cattle. 4th ed. Health, Handling, Breeding [M]. Massachusetts: Storey Publishing, LLC. 2018: 327-611.
[93] THOMAS H S. The Cattle Health Handbook [M]. Storey Publishing, LLC. 2009: 680.
[94] THOMAS H S. The Cattle Health: Preventative Care, Disease Treatments and Emergency Procedures [M]. Massachusetts: Storey Publishing, LLC, 2009: 166-173.
[95] ZEMAN D H. Bovine Disease Diagnostic Manual [M]. United States: Newport Laboratories, 2014: 14-29.